BIBLIOTHÈQUE DU CULTIVATEUR

PUBLIÉE AVEC LE CONCOURS

DU MINISTRE DE L'AGRICULTURE

CONSERVATION
DES FRUITS

PAR

Mme MILLET-ROBINET,

*Auteur de la Maison Rustique des Dames,
de l'Éleveur des Oiseaux de basse-cour, des Conseils aux Jeunes Femmes, etc.*

PARIS

DUSACQ, LIBRAIRIE AGRICOLE DE LA MAISON RUSTIQUE

RUE JACOB, N° 26

Et chez tous les Libraires de la France et de l'étranger.

S

BIBLIOTHÈQUE DU CULTIVATEUR

PUBLIÉE AVEC LE CONCOURS

DU MINISTRE DE L'AGRICULTURE

CONSERVATION DES FRUITS.

PARIS. — IMPRIMERIE DE W. REMQUET ET Cⁱᵉ,

rue Garancière, n. 5.

BIBLIOTHÈQUE DU CULTIVATEUR

PUBLIÉE AVEC LE CONCOURS

DU MINISTRE DE L'AGRICULTURE

CONSERVATION
DES FRUITS

PAR

Mme MILLET-ROBINET,

Auteur de *la Maison rustique des Dames,*
l'Éleveur *des Oiseaux de basse-cour, des Conseils aux Jeunes Femmes,* etc.

PARIS

DUSACQ, LIBRAIRIE AGRICOLE DE LA MAISON RUSTIQUE

RUE JACOB, N° 26

Et chez tous les Libraires de la France et de l'étranger.

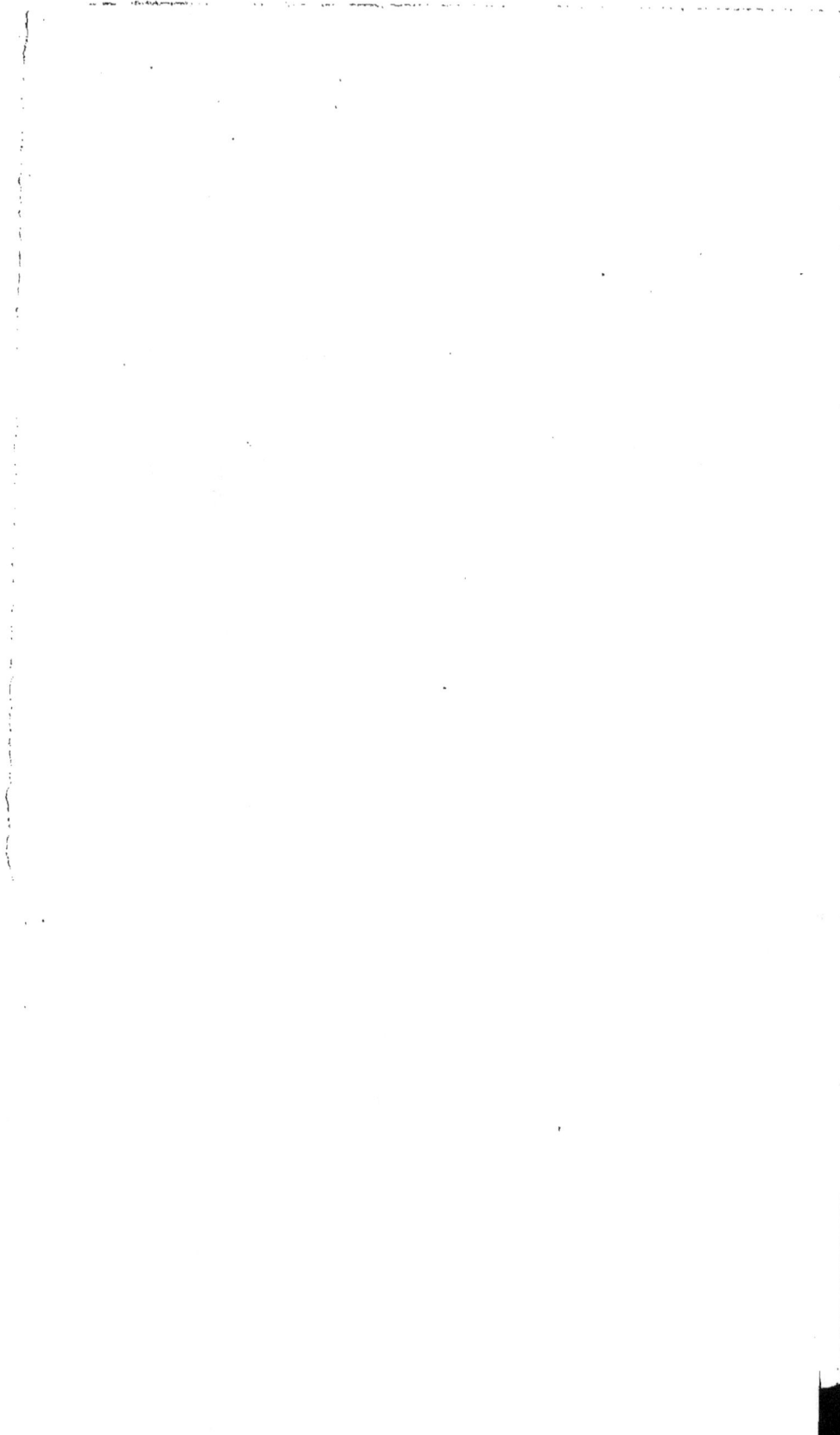

PRÉFACE.

———o◉o———

L'ouvrage que nous présentons au public diffère, sous plusieurs points essentiels, de tous ceux qui l'ont précédé et traitent le même sujet; nous nous sommes efforcé d'y consigner tous les progrès réalisés dans cette partie importante de l'économie domestique. Nous avons surtout insisté avec les plus minutieux détails sur ce qui concerne la conservation des fruits crus.

Notre traité comprend à cet égard : 1° les connaissances nécessaires à la cueillette des fruits; 2° la manière de l'exécuter; 3° les moyens à employer pour que les fruits se conservent bien dans les fruitiers; 4° la disposition du fruitier; 5° les soins qu'exigent les fruits dans le fruitier.

Ces instructions, omises ou très-négligées dans les traités analogues à celui-ci, nous ont semblé mé-

1

riter, au contraire, une attention particulière; car s'il est utile de savoir conserver les fruits au moyen de diverses préparations, il l'est peut-être encore plus de connaître les moyens de les conserver dans leur état naturel, de les amener à un état parfait de maturité et de prolonger la durée de leur conservation. En effet, les fruits ne sont pas seulement destinés à faire l'ornement de la table des riches, ils offrent aussi un aliment sain et abondant au pauvre et sont recherchés des consommateurs de tout âge.

L'art de conserver les fruits par le moyen du sucre a fait beaucoup de progrès depuis quelques années; ce n'est pas qu'on applique ce puissant et délicieux agent à un nombre beaucoup plus grand de préparations; mais on a trouvé de meilleurs moyens de l'employer, afin de mieux conserver le parfum des fruits et d'obtenir de plus belles préparations. Il en est de même des conserves de fruits à l'eau-de-vie et de l'excellent procédé Appert.

Au lieu de reproduire les innombrables recettes qu'on rencontre énumérées presque dans les mêmes termes dans tous les ouvrages d'économie domestique, nous nous sommes fait une loi de ne donner que les recettes dont une expérience personnelle nous a prouvé l'efficacité.

Si cet ouvrage est destiné à avoir d'autres éditions, il devra nécessairement subir de nouvelles modifications. Le sujet qu'il traite n'est pas épuisé; des améliorations importantes restent encore à introduire; c'est le fait du progrès des connaissances humaines. Ce que nous publions en 1854 vieillira comme ce qu'on a publié antérieurement a vieilli.

Le but que nous nous sommes proposé en traitant de la préparation et de la conservation des fruits, c'est de donner des recettes claires et économiques pour les ménagères jalouses d'approvisionner leur maison d'une foule de bonnes choses qui, préparées par elles-mêmes, leur coûteront bien moins cher que si elles devaient les acheter.

Nous avons dû écarter de l'ouvrage toutes les liqueurs faites par la distillation qui ne peut entrer dans le domaine d'un ménage; mais il ne faut pas croire qu'il ne nous restera à offrir que des recettes communes. Je lis dans le *Manuel du distillateur*, page 372 : « L'infusion dans l'alcool est infiniment « préférable, ainsi que je l'ai dit en parlant des tein- « tures et des infusions, toutes les fois qu'on tient « plus à la délicatesse des liqueurs qu'à leur par- « faite blancheur. »

Ceci prouve évidemment que les liqueurs préparées par une ménagère entendue ne le céderont

nullement à celles des meilleurs distillateurs; il en
est de même de la plupart des confitures et des
conserves; celles du commerce ont quelquefois
plus d'apparence, mais elles sont presque toujours
moins bonnes. Cela tient à ce que les confiseurs,
devant faire des bénéfices suffisants, ne peuvent
employer d'aussi bonnes matières premières que
les particuliers, auxquels cependant ces préparations reviennent à meilleur marché que s'ils les
achetaient, ne fût-ce que par le fait seul de la valeur de la main-d'œuvre qu'on ne compte pas dans
un ménage.

Il y a cependant certaines confitures, conserves
ou fruits confits qu'on ne peut préparer chez soi
avec la même perfection que le font les confiseurs,
parce qu'elles exigent l'emploi d'une étuve. Il ne
faut pas croire qu'on peut la remplacer par un four;
rien ne remplace une étuve. Mais le nombre des
autres friandises qu'on peut se procurer avec les
ressources d'un ménage bien monté est si grand,
qu'il y a peu à regretter celles dont on doit s'abstenir.

Dans les recettes que nous donnons, comme
dans toutes celles qui ont trait à l'art culinaire, la
première condition du succès est l'emploi de bonnes
matières premières; la seconde, le soin et l'exacti-

tude qu'on met à exécuter la recette. Souvent, on se figure qu'il est assez indifférent de faire une chose à tel moment au lieu de la faire à tel autre, et on n'arrive pas au résultat attendu. On accuse la recette, quand le manipulateur seul est en défaut.

Il y a ensuite un nombre souvent assez considérable de différentes manières de faire telle ou telle préparation; chaque province ou chaque famille a sa recette; plusieurs peuvent être bonnes, mais il est impossible de les connaître toutes; nous avons donc choisi les meilleures parmi celles qui ont pu parvenir à notre connaissance, d'après notre propre expérience; peut-être on peut faire mieux que nous ne l'indiquons; mais nous pouvons affirmer qu'en s'en rapportant à nos procédés on fera bien.

Nous avons étendu notre domaine un peu au delà de celui des fruits; nous avons traité de l'emploi de quelques graines et de quelques fleurs, pour confectionner des liqueurs ou des confitures. Nous y avons ajouté des instructions sur la préparation du punch, du vin chaud et des glaces, avec la certitude d'être agréable à nos lecteurs; enfin, cet ouvrage pourra suffire aux besoins d'une office, sauf ce qui regarde la pâtisserie.

Nous avons indiqué aussi avec détails la manière d'emballer les fruits pour les faire voyager ; ces instructions manquent dans presque tous les ouvrages de jardinage et dans tous ceux qui traitent des fruits, excepté dans celui que j'ai publié sous le titre de : *La Maison rustique des Dames*, et qui comprend tout ce qui a trait à un ménage à la ville ou à la campagne. Ayant habité souvent la campagne aux environs de Paris, j'ai pu observer les procédés qu'on y emploie pour emballer et *parer* les fruits ; nulle part on n'y apporte autant d'art et de soins, nulle part aussi on n'arrive à d'aussi bons résultats.

CONSERVATION
DES FRUITS

CHAPITRE PREMIER.

Cueillette et conservation des fruits crus; diverses sortes de fruitiers.

Sans contredit, la manière la plus simple et la plus économique de conserver les fruits, est celle de les conserver crus. C'est aussi la meilleure ; car aucune conserve artificielle ne peut valoir un bon fruit tel que la nature nous le donne. Cependant il n'est pas hors de propos de le rappeler, c'est à l'intelligence de l'homme que nous devons ces beaux fruits succulents et variés dont nous admirons la beauté en savourant leur chair délicieuse ; la plupart des fruits, à l'état sauvage, et tels que la Providence nous les a donnés, étaient peu agréables ; mais c'est sans doute pour laisser à l'intelligence dont l'Être-Suprême nous a doués, le moyen de s'exercer, qu'il a permis les immenses améliorations apportées par la culture dans ces productions de la nature. Les limites dans lesquelles ces améliorations peuvent s'étendre sont immenses ; aussi l'homme a-t-il travaillé avec

ardeur pour amener un petit *poirillon,* gros comme
une noix, à une grosse et succulente poire comme celles
que nous voyons orner nos jardins et nos tables ; l'art
du pépiniériste ne semble plus avoir de bornes et il
manie presque à son gré les formes, la saveur et le volume des fruits. Chaque jour amène une nouvelle variété, chaque année en produit des centaines, et aujour-
d'hui il faudrait un ouvrage entier pour donner seulement
la nomenclature des nombreuses variétés de toutes les
espèces de fruits qui abondent dans nos pépinières et
dans nos jardins. Il devient donc de plus en plus nécessaire d'étudier et d'étendre les moyens de conserver et
de préparer toutes ces richesses pour en jouir toute
l'année avec abondance, facilité et économie.

§ I. — De la cueillette.

La cueillette du fruit bien exécutée est une condition
essentielle de la conservation du fruit et de sa bonté ; tel
fruit mal cueilli pourra perdre tout, ou une grande partie
de ses qualités. Je donnerai donc des explications assez
étendues sur cette opération, la plus importante après
la culture, pour livrer de bons fruits à la consommation.

Les beaux fruits, destinés à la table, seront cueillis avec
beaucoup plus de soins que ceux qui doivent être confits, séchés au four, ou employés à faire des boissons
comme le cidre et les piquettes. Pour les cueillir, il faudra se munir d'un bon panier, large d'ouverture, et à
l'anse duquel on attachera, au moyen d'une corde solide,
un crochet qui peut être en bois ou en fer, mais assez
fort pour supporter le panier plein, suspendu à une
branche, si l'on doit cueillir des fruits dans des arbres

en plein vent. Si ces fruits sont destinés à la vente, on aura préparé à l'avance, comme je l'indiquerai plus loin, un autre panier dans lequel ils devront être emballés et transportés au marché et dans lequel on les videra avec une extrême précaution au lieu de les jeter en tas et de les reprendre une seconde fois pour les emballer. Cependant, si ces fruits devaient être triés, il faudrait bien les déposer quelque part avant de les mettre dans le panier d'emballage ; dans ce cas, on doit le faire avec un soin extrême et mettre, à l'endroit où on les pose, une couche épaisse soit de feuilles, soit d'herbes ou de paille, afin d'éviter de meurtrir les fruits. Il faut aux uns conserver la fleur, aux autres la queue, et surtout n'en meurtrir aucun, car si la saveur du fruit est la principale condition de la bonté, la fraîcheur, la mine appétissante est aussi nécessaire, et le meilleur fruit aura perdu une grande partie de son mérite s'il est flétri.

Si au contraire ce sont des fruits communs, on pourra tout simplement attacher un sac autour du corps de l'ouvrier, en le faisant passer sous son bras gauche et sur son épaule droite, avec l'ouverture en avant. Pour fixer la corde au fond du sac, extérieurement, on met dans le sac, à l'un des angles, une pomme ou quelque chose d'analogue, et l'on attache autour une corde qui doit être fixée à l'entrée du sac qui se trouve alors béant. Les fruits y sont mis, par l'ouvrier, à mesure qu'il les cueille ; ils y glissent sans se meurtrir ; lorsque le sac est plein, l'ouvrier peut descendre facilement de l'échelle ou de l'arbre ayant les deux mains libres, sans danger de faire tomber ou de meurtrir les fruits.

Il faut aussi se munir d'une échelle très-longue et très-légère, en bois de peuplier bien sec, ou en sapin

1.

du Nord , ayant les échelons à 30 centimètres de distance et de 15 centimètres de longueur seulement, permettant de placer un seul pied sur chaque échelon ; ces échelles se *lancent*, c'est-à-dire se placent sur tout le branchage de l'arbre, en dehors, de manière à atteindre les fruits de la circonférence. Sans cette échelle, très-employée aux environs de Paris, on est obligé de laisser beaucoup de fruits sur l'arbre. Outre cette échelle, il en faut une autre qu'on applique sur le tronc ou sur les fortes branches de l'arbre, pour atteindre les fruits qui peuvent être saisis dans cette position ; enfin, il faut une échelle double dans le genre des marchepieds usités dans les appartements ; celle-ci peut être munie de roues, ce qui permet de la transporter facilement. Elle sert à cueillir les fruits des branches basses extérieures trop hautes cependant pour que la main y puisse atteindre.

Beaucoup de fruits peuvent et doivent même être cueillis avant d'avoir acquis la maturité qui permet de les manger à point ; il en est d'autres qui, cueillis un peu avant maturité, perdent de leur qualité, mais cependant peuvent encore se manger ; mais il en est qui ne mûrissent nullement après avoir été cueillis : de ce nombre sont les fruits rouges. Il serait inutile, par exemple, d'espérer que des cerises mûriront détachées de la branche ; on doit donc attendre qu'elles aient acquis tout le coloris qui appartient à chaque espèce, mais non qu'elles commencent à *tourner*, c'est-à-dire, que quelques parties de la peau se flétrissent et prennent une couleur roussâtre, indice d'un commencement de décomposition.

Si l'on veut faire voyager des cerises, il ne faut pas les cueillir aussi mûres que si elles devaient être consommées immédiatement ; mais cependant il faut qu'elles aient parfaitement la couleur qui appartient à leur espèce (Voir *Emballage des fruits*). Les groseilles, les framboises et les fraises sont dans les mêmes conditions que les cerises ; elles doivent être cueillies aussi moins mûres pour faire des confitures que pour être servies sur la table.

Les prunes doivent aussi atteindre la maturité sur l'arbre, soit qu'on veuille les manger fraîches, soit qu'on doive les faire sécher ; les prunes qui ne sont pas parfaitement mûres font des pruneaux durs, secs et acides. Cependant, les prunes cueillies peu avant leur parfaite maturité mûrissent un peu, placées sur du linge, dans une armoire fermée ; mais elles n'y atteignent jamais la même perfection, et le fait seul de les placer sur ce linge leur enlève la fleur qui est le plus bel ornement d'une prune ; on doit donc mettre tout le soin possible à la leur conserver. Les prunes doivent être cueillies avec leur queue, ce qui n'est pas toujours très-facile, et ce qui souvent force à les cueillir un peu trop tôt. Cependant, quand les prunes doivent voyager, il ne faut pas les cueillir aussi mûres que si elles devaient être mangées à l'instant même.

La maturité des prunes se reconnaît à leur coloris et à une sorte de transparence : les reines-Claude sont d'un vert légèrement teint de jaunâtre d'un côté et toutes colorées de rouge de l'autre ; les autres sont entièrement colorées de la couleur qui appartient à leur espèce ; elles ne doivent pas conserver la moindre teinte verte.

Les prunes qu'on veut convertir en pruneaux ne se cueillent pas, elles doivent tomber facilement en secouant légèrement les branches de l'arbre avec un crochet attaché au bout d'une perche. Cette cueillette doit se faire tous les jours et non en une ou deux fois comme on la fait quelquefois, car je répète que la première condition des bons pruneaux est la parfaite maturité des prunes. Pour peu que la saison ne soit pas très-favorable, il faut quinze jours, et quelquefois plus, pour achever la cueillette des fruits d'un arbre.

L'abricot se cueille sans queue; on reconnaît qu'il est mûr, non-seulement à sa couleur, mais encore parce qu'en le soulevant il se détache sans effort.

Lorsqu'on veut le manger bon, il faut attendre sa parfaite maturité sur l'arbre; mais mieux que la prune il achève sa maturité sur les planches du fruitier, s'il a été cueilli un peu trop tôt; il n'est jamais aussi sucré que s'il avait mûri sur l'arbre, il est seulement quelquefois aussi juteux.

La pêche doit se cueillir avec un soin extrême; il faut surtout s'abstenir de la tâter *avec le pouce*, comme on le fait trop souvent; on lui fait ainsi une meurtrissure qui la déshonore en altérant la partie flétrie, ce qui se voit si souvent sur les pêches d'amateur; les habiles jardiniers de Montreuil savent très-bien éviter cette faute. Comme pour l'abricot, il faut prendre la pêche dans la main, lorsqu'une légère teinte jaunâtre peut faire soupçonner qu'elle est mûre; on la soulève doucement, et si elle vient facilement elle est mûre; si elle résiste, il faut la laisser sur l'arbre, à moins qu'on ne doive la faire voyager; alors il faut qu'elle quitte la queue, mais pas avec la même facilité que si elle devait être mangée sans retard.

Il y a certaines espèces de pêches dont la chair ne se détache pas du noyau et qu'on nomme *Pavies*; elles tombent avant d'avoir acquis une parfaite maturité; alors la chair est ferme et cassante quoique fort juteuse; il convient de leur faire atteindre leur maturité complète dans le fruitier ; alors leur chair devient fondante et est extrêmement sucrée. On doit brosser les pêches avec une brosse douce avant de les présenter sur la table.

Les poires d'été se cueillent mûres ou presque mûres ; d'ailleurs, lorsqu'elles ont atteint le degré de maturité convenable, on en trouve tous les jours sous l'arbre, ce qui indique qu'elles sont à point. Toutes les autres espèces de poires doivent être cueillies avant maturité, c'est-à-dire *avant d'être bonnes à manger, mais non avant qu'elles aient atteint le degré de maturité qui leur est nécessaire pour qu'elles puissent arriver à leur perfection dans le fruitier.* Je ne puis trop insister sur l'intelligence à apporter au choix de l'époque de la cueillette ; on voit partout des poires flétries au lieu d'être mûres, quoiqu'elles cèdent sous le doigt ; elles n'ont ni le parfum ni le sucre qui appartiennent à leur espèce bien cueillie ; pour cela il faut que la queue se détache facilement de la lambourde qui la porte *sans l'attirer*, en appuyant le pouce à cette jonction et en tenant et soulevant la poire dans la main. Cette condition est *essentielle* à la qualité et à la conservation des fruits. Si l'on est obligé de faire effort pour cueillir la poire et de briser la queue ou la lambourde pour l'avoir, elle n'a pas atteint le degré de maturité convenable, et, je le répète, elle se flétrira, se ridera dans le fruitier avant d'arriver à un point de maturité qui permette de la manger avec toutes ses qualités ; souvent même elle ne mûrira pas du tout. C'est une faute qu'on fait très-souvent, et l'on accuse la qualité du fruit quand le mal vient d'une cueillette hors de saison. Non-seulement le fruit doit avoir atteint tout son développement avant d'être cueilli, mais il faut encore qu'il prenne sur l'arbre les qualités nécessaires à sa conservation; il ne les acquiert que lorsqu'il ne reçoit plus rien par la lambourde et qu'alors la queue est sur le point de s'en détacher pour laisser tomber le fruit selon le vœu de la nature.

Pour cueillir les poires des poiriers à basse tige, on se munit d'un panier à anse, très-peu creux, et dont, par conséquent, l'ouverture est aussi large que le fond. On ne le remplit pas outre mesure, mais on y met seulement deux ou trois couches de fruits. Un bon crochet doit être attaché par une corde solide à l'anse pour pouvoir suspendre le panier, soit aux échelons de l'échelle, soit aux branches de l'arbre. La meilleure méthode, c'est de placer le panier sur la tête au moyen d'un rond qu'on y met pour le transporter; mais lorsqu'on arrive à dépouiller les arbres en plein vent, et il y en a dont la taille est telle qu'il est fort difficile de faire cette opération, on doit employer les échelles décrites au commencement de cet article, et le sac dans lequel les fruits roulent doucement sans se meurtrir. Lorsque toute la capacité disposée pour loger les fruits est pleine, on la vide en se penchant doucement en avant. Si le fruit est précieux, on peut facilement le prendre à la main pour le déposer dans le lieu destiné à le recevoir. A mesure qu'on débarrasse l'entrée du sac, les autres fruits avancent sans se meurtrir.

L'opportunité de la cueillette est si importante pour la bonté et la conservation des fruits qu'on ne saurait y mettre trop de soins; quand on dépouille un arbre dont les fruits sont de bonne qualité, il faut lui laisser ceux qui ne se détachent pas facilement comme on l'a précédemment indiqué. On achèvera la cueillette en temps opportun, *ce précepte est très-important,* et cependant on ne l'observe jamais ; à bien plus forte raison je blâme les gens qui secouent souvent les branches pour faire tomber les fruits, ou qui les frappent avec une gaule, dernier degré de barbarie.

Souvent, quand on est décidé à cueillir des fruits, on cueille tout, et c'est une grande faute, car si l'on observait la floraison des arbres, on verrait que toutes les fleurs ne nouent pas leur fruit en un seul jour ; de plus, chaque fruit n'a pas la même exposition, sans compter les autres conditions inappréciables qui s'opposent à la simultanéité de la maturité. Il est donc impossible que tous les fruits arrivent le même jour à maturité, ou pour mieux dire au degré de maturité convenable pour être cueillis, témoin les fruits qui atteignent leur maturité sur l'arbre ; certes toutes les prunes d'un prunier, tous les abricots d'un abricotier, etc., ne sont pas bons à cueillir le même jour, et l'on voudrait que toutes les poires ou toutes les pommes d'un arbre fussent arrivées au point convenable pour être cueillies au même moment? C'est impossible.

Certaines ménagères un peu trop pressées de fair leur besogne trouveront ces détails bien minutieux. C'e vrai, mais je suis convaincu que le soin qu'on apporte à toutes ces opérations de ménage ajoute beaucoup au succès de tout ce qui s'y rattache. Je le dis dans tous les ouvrages que j'ai publiés, et je ne saurais trop le répéter.

La perte d'un grand nombre de fruits gâtés avant leur maturité, et la différence de qualité entre des fruits cueillis sur le même arbre, tiennent le plus souvent à ce que ces règles essentielles n'ont pas été observées.

Je sais qu'il serait difficile de s'y conformer rigoureu-
sement pour la cueillette des fruits des grands arbres,
pommiers et poiriers; cependant, si ces arbres portaient
de beaux fruits, je ne vois pas pourquoi on n'y apporterait
pas ce soin. Quant aux arbres en espalier et à tous les
autres qui ne sont point en plein vent, il n'y a pas à
hésiter; il ne faut cueillir que les fruits qui viennent
avec facilité, en employant le moyen ci-dessus indiqué.

Très-souvent on accuse les intempéries de l'année du
défaut de conservation des fruits, et le plus souvent
l'inopportunité du moment de leur cueillette est la
cause du désastre, parce que les fruits qui ont souffert
de la sécheresse ou de l'humidité pendant la belle saison
réparent très-souvent ce mal à l'automne, pourvu qu'on
leur en laisse le temps.

On doit autant que possible cueillir les fruits par un
beau jour, après que la rosée du matin est séchée,
et avant que celle du soir ait commencé à tomber. Je
suis d'avis qu'il ne faut pas serrer les fruits dans le fruitier immédiatement après les avoir cueillis, mais qu'il
faut les placer dans une pièce aérée où l'on établit, autant que possible, un courant d'air dans le milieu du
four; on y laisse les fruits un ou plusieurs jours se ressuyer avant de les mettre dans le fruitier; moyennant
ces précautions, on peut les cueillir par un temps humide, si on s'y trouve forcé, sans crainte de perdre les
fruits.

Je résume ainsi tout ce qui précède sur la cueillette
des fruits : il faut, 1° cueillir les fruits rouges lorsqu'ils
ont atteint une maturité complète, mais non quand ils ont
commencé à *tourner ;* 2° les prunes et les abricots lorsqu'ils ont tout leur beau coloris et que leur chair a atteint

une espèce de transparence qu'il est facile d'apprendre à reconnaître à la vue avec un peu d'habitude; 3° les poires et les pommes lorsque la queue se détache facilement de la lambourde qui les porte, en appuyant légèrement le pouce à cette jonction, tenant le fruit dans la main et en le soulevant; 4° ne cueillir que les fruits qui remplissent ces conditions et laisser ceux qui ne les ont pas encore atteintes; 5° choisir, autant que possible, un beau temps pour la cueillette; 6° laisser les fruits se ressuyer pendant plus ou moins de temps avant de les rentrer dans le fruitier, selon les conditions où ils se trouvent au moment de la cueillette.

§ II. — Du fruitier.

Le fruitier est d'une importance capitale pour la conservation des fruits, et il n'est pas toujours facile de trouver un endroit convenable pour l'établir. Quand on bâtit même, on ne trouve pas toujours à le bien placer, à moins qu'il ne soit possible de lui consacrer une construction particulière.

En général, il est préférable qu'un fruitier soit au rez-de-chaussée et même un peu au-dessous du niveau du sol, parce qu'une condition essentielle pour la conservation des fruits est une température égale, plutôt fraîche que chaude, mais cependant à l'abri de la gelée; sans humidité et sans excès de sécheresse. Ces conditions sont difficiles à remplir aux étages supérieurs, tandis que dans un appartement au rez-de-chaussée, ayant des murs épais, on y arrive plus facilement. Il faut aussi peu d'air, bien qu'il soit nécessaire de pouvoir établir une bonne ventilation pour assainir le fruitier avant d'y placer la provision de fruits d'automne. La porte ne doit pas s'ouvrir sur l'extérieur, à moins qu'il soit impossible de l'éviter ; alors il faudrait qu'elle fût parfaitement close et même double si elle était exposée au nord. Il est indispensable que le fruitier soit éclairé par une fenêtre pour pouvoir choisir et visiter les fruits ; mais la fenêtre sera garnie en dedans de bons volets pour éviter le soleil, le froid et même le jour.

Il y a des caves qui ne sont pas tout à fait en terre et sont ordinairement fort sèches ; elles conviennent très-bien à un fruitier ; rien n'est plus convenable qu'une ancienne carrière, pourvu qu'il ne s'y trouve pas d'infiltration d'eau. Les vieilles tours, les anciens colombiers conviennent très-bien aussi, ainsi que le dessous des escaliers, ordinairement placés au centre de la maison et par conséquent à l'abri de la gelée, de l'humidité et de la grande chaleur.

Ce sont surtout les variations dans la température qui accélèrent la maturité des fruits et leur décomposition ; lorsqu'on est parvenu à conserver jusqu'en mars des fruits sains, et qu'alors les premières chaleurs du printemps pénètrent dans le fruitier, l'on voit à l'instant les pommes devenir pâteuses ou pourrir, les poires mollir et se gâter, même avant cette époque, si février nous favorise de quelques beaux jours chauds, ce qui n'est pas rare sous le climat de Paris.

Lorsque toutes ces conditions, qui sont celles d'un fruitier parfait, ne peuvent être remplies, on doit chercher au moins à s'en rapprocher le plus possible. On peut même user de quelques moyens accessoires pour y arriver, comme de garnir une muraille en dehors d'un tas de fagots ou même de paille ou de litière de cheval pour la garantir des atteintes de la gelée ou de la trop grande ardeur du soleil. Une plantation de thuya de la Chine, faite le long du mur qu'on veut garantir, peut aussi produire un très-bon effet.

Lorsqu'on entrera dans le fruitier on aura le soin de fermer la porte derrière soi et en sortant de refermer le volet de la fenêtre Il est cependant convenable de renouveler quelquefois l'air du fruitier; mais il ne faut le faire que lorsque la température extérieure est à peu près égale à celle du fruitier, et que l'air n'est pas trop chargé d'humidité; alors on établit, de la porte à la fenêtre, un courant qui renouvelle parfaitement l'air de la pièce.

Il n'est pas nécessaire que le sol du fruitier soit carrelé; s'il l'est, il faut couvrir le carrelage d'une petite couche de sciure de bois mêlée avec un peu de terre légère, très-friable et très-sèche, parce qu'en marchant dans le fruitier, il s'élève une poussière très-fine et légère qui retombe insensiblement sur les fruits et contribue à les conserver. Dans ce cas, on fait usage d'un petit rateau pour nettoyer le sol au lieu d'un balai. Mais il ne faudrait pas, pour obtenir cette poussière conservatrice, remuer à dessein, dans le fruitier, des objets qui pourraient en fournir beaucoup à la fois et salir les fruits; cette espèce d'enduit, placé tout à coup, s'opposerait trop promptement à leur transpiration et leur nuirait loin de leur être favorable.

Il ne faut, dans aucun cas, faire du feu dans le fruitier; si l'on ne pouvait le garantir autrement de la gelée, il serait indispensable de placer sur le feu un vase plein d'eau en ébullition, qui corrigerait l'âpreté et l'ardeur du feu. Il faut bien se persuader qu'il vaut mieux que la température tombe presque à zéro, que de recourir à ce moyen. Si on l'employait faute d'autres et dans un cas où tous les autres moyens de préservation contre la gelée auraient été insuffisants, il faudrait entretenir du feu avec assez de parcimonie, non pour qu'il échauffe le fruitier, mais pour qu'il empêche seulement la température de tomber au-dessous de zéro. Dans ce cas, un thermomètre est un meuble indispensable et je conseillerai toujours d'en avoir un dans un fruitier.

L'installation intérieure du fruitier est très-connue : elle consiste en tablettes de bois blanc de 50 centimètres de large placées tout autour à la distance de 30 centimètres les unes au-dessus des autres, garnies en avant d'une petite tringle de bois de 3 à 4 centimètres. Si le fruitier est grand, on peut installer au milieu une pyramide, c'est-à-dire qu'on y dresse un fort montant, autour duquel on fixe, au moyen de traverses, des planches formant des tablettes rondes ou carrées, selon la forme du local et sur lesquelles on place aussi des fruits.

Si le fruitier est très-élevé, on y fait usage d'une échelle légère, munie en haut de crochets qui s'adaptent au rebord des tablettes, semblable à celles des boutiques des faïenciers, pour arriver aux étages supérieurs ; un petit marchepied à roulettes sert pour les tablettes, trop hautes pour y voir sans monter et trop basses pour employer l'échelle.

On peut placer, au sommet du fruitier, des cerceaux auxquels on pend des grappes de raisin comme je l'indiquerai. Cependant, il faut bien se persuader que c'est une grande faute d'encombrer un fruitier outre mesure, comme aussi de garnir tous les rebords des tablettes de petites pointes auxquelles on suspend des grappes de raisin et d'y placer des tas de pommes qu'on n'a pas pu loger sur les tablettes et qu'on met à terre sous la première tablette. Cet amas surabondant de fruits exhale une telle humidité que bientôt on voit la pourriture envahir les fruits avec une rapidité incroyable dont on cherche souvent vainement la cause. Dans le cas de cette surabondance, il faut choisir les plus beaux fruits pour les loger dans le fruitier et placer le reste dans une autre pièce, la plus convenable possible. Un peu plus loin, je donnerai quelques explications à ce sujet.

La plus grande propreté doit régner dans le fruitier; il ne faut y laisser pénétrer aucun animal, surtout les rats, les souris et les autres petits rongeurs, tous très-friands de fruits.

La clef ne doit point rester à la porte; elle doit être confiée à la personne chargée des soins et du choix des fruits; c'est le seul moyen d'éviter le gaspillage, et même, si ce n'est pas la maîtresse de maison qui se charge de ces soins, elle fera sagement d'aller de temps en temps visiter son fruitier, afin de s'assurer que le gardien de la clef ne fait pas abus de sa confiance et donne aux fruits tous les soins qu'ils exigent. Ces soins consistent, quand le fruit y est installé, dans une visite deux fois la semaine sur toutes les tablettes, afin d'en retirer les fruits mûrs ou qui commencent à se piquer, le nettoyage des tablettes, le choix des fruits à consommer; le soin de prévenir la maîtresse des espèces et des quantités de fruits qui sont propres à être consommés, en désignant ceux qui pressent le plus; il faut aussi renouveler l'air quand une odeur trop forte se fait sentir en entrant dans le fruitier, ou qu'on y trouve trop d'humidité; enfin il faut en surveiller la température pour remédier, par les moyens indiqués, à l'excès d'élévation ou d'abaissement de la température.

La personne chargée de visiter le fruitier et d'y choisir les fruits mûrs doit apprendre à connaître cette maturité sans les tâter avec le pouce, comme on le fait presque toujours. Un fruit ainsi tâté est déshonoré, soit qu'on le mange immédiatement, soit qu'on le laisse encore dans le fruitier. Le fruit mûr acquiert une sorte de transparence, de couleur et d'odeur qu'on reconnaît avec un peu d'habitude. Il faut bien se résigner à reconnaître bientôt cette maturité dans les pommes sans les tâter, puisqu'elles ne cèdent pas. Eh bien ! il le faut aussi pour les poires.

Les fruits se placent tout simplement sur les tablettes, la tête en bas, autant que possible, et sans qu'ils se touchent, pour les fruits de choix. Si l'on voulait mettre quelque chose sur les tablettes pour y placer les fruits, ce serait de la sciure de bois *blanc* passée au four après le pain, refroidie et mélangée d'un huitième environ de charbon pilé et parfaitement sec. On verra plus loin que cette préparation a été employée par feu M. Paquet, jardinier, membre de la Société d'horticulture de Paris, avec un succès complet pour la conservation prolongée des fruits. Nous parlerons de son ingénieux procédé qui peut offrir de grands avantages, soit aux personnes riches qui veulent que leur table soit toujours garnie de fruits dans un bel état de conservation, soit à celles qui, ayant une récolte abondante, veulent en tirer le meilleur parti possible en la vendant fort tard aux particuliers ou aux marchands de comestibles.

Mais je rejette absolument la paille, le foin, la mousse

qu'on emploie souvent et inconsidérément selon moi.
J'admettrais tout au plus un peu de mousse *bien sèche*
et grossièrement hachée; si cela était jugé plus commode pour placer et faire tenir sur la tête des poires
de forme allongée.

§ III. — Soins à donner aux fruits avant de les mettre dans le fruitier.

Les bonnes conditions d'un fruitier ne sont pas les
seules nécessaires à la conservation des fruits; il y en a
d'autres à remplir. J'ai parlé en détail de la cueillette;
une fois qu'elle est terminée, il faut bien se garder de
porter les fruits de suite dans le fruitier. On doit les
déposer avec soin dans une grande pièce bien aérée et
dans laquelle on les laisse séjourner cinq, six, dix et
même quinze jours, selon les circonstances; ils ne doivent pas y être entassés, mais à côté les uns des autres
afin qu'ils se ressuient et effectuent cet excès de transpiration qui suit la cueillette.

Si l'on cueille ces fruits par degrés de maturité
comme je l'indique, une pièce moyenne suffira pour une
grande quantité de fruits, en ayant soin, toutefois, de
ne porter au fruitier que les plus anciennement cueillis,
à mesure qu'on fait occuper leur place dans la chambre
par les nouveaux arrivés.

Lorsque les fruits sont venus dans une année sèche et
qu'ils ont été cueillis par un beau temps, quatre à cinq
jours suffisent pour les mettre en état d'être transportés
dans le fruitier; mais si la saison a été pluvieuse, et
si l'automne a été humide au moment de la cueillette,

il faut les laisser sept, huit et même quinze jours, dans la chambre d'attente ; c'est dans ces premiers temps que les fruits malsains se gâtent. On fera alors le choix des fruits à transporter dans le fruitier, ce qui sera facile lorsqu'ils seront tous rangés à terre, dans une pièce bien éclairée, et qu'ils auront subi cette première épreuve ; alors on sera sûr de ne serrer que les fruits qui auront le plus de chances pour se bien conserver.

On laissera les fenêtres de la pièce ouvertes toute la journée ; on les fermera seulement avant le coucher du soleil pour les rouvrir après son lever. Il ne faut pas les ouvrir toute la journée lorsqu'il pleut.

Quand on porte les fruits dans le fruitier aussitôt après les avoir cueillis, cette grande transpiration qu'ils subissent pendant les jours qui suivent, se fait dans le fruitier ; elle y répand une humidité très-préjudiciable, qui pénètre partout, et comme il y a beaucoup de fruits relativement à la grandeur de la pièce, puisque les tablettes y sont superposées les unes au-dessus des autres, lors même qu'on pourrait établir un courant d'air, la dessiccation nécessaire ne pourrait pas s'effectuer ; un grand nombre de fruits pourriraient dans les premiers temps, surtout si l'année n'était pas très-favorable. Cette décomposition hâterait celle des fruits peu disposés à se conserver, au lieu de la prévenir, et seuls les plus robustes résisteraient à cette épreuve.

Les personnes qui ont l'habitude de rentrer leurs fruits immédiatement dans le fruitier, diront qu'ils les conservent bien et qu'il n'est pas nécessaire de se donner ce surcroît de travail ; eh bien ! qu'elles essaient sur la moitié de leurs fruits, à conditions égales, et elles verront la différence qu'il y aura dans la santé, si je puis m'exprimer ainsi des fruits ressuyés, et dans celle de ceux qui ne le seront pas; et cependant on portera les fruits ressuyés dans le fruitier devenu malsain par la présence immédiate de ceux qui ne le seront pas.

Il faut disposer les fruits par espèces dans le fruitier, et faire occuper un des côtés par les fruits d'automne; l'autre par les plus tardifs.

Quant aux fruits pour lesquels la place manquerait dans le fruitier, on les placerait dans la pièce de la maison dont les conditions seraient les plus analogues à celles du fruitier; si l'on était forcé d'entasser des pommes, il faudrait tâcher de ne les entasser qu'après les avoir fait ressuyer, puis les avoir triées. On met sous le tas une petite couche de paille. Lorsque les gelées menacent d'atteindre les fruits, on les couvre de paille à l'épaisseur de 15 à 20 centimètres, puis d'un drap mouillé; celui-ci gèle, et le fruit est préservé aussi bien qu'il peut l'être dans des conditions si peu favorables. On mouille de temps en temps, en jetant de l'eau sur le drap, car, étant dans un local fermé, il finirait par sécher, et il importe qu'il soit constamment gelé. On a soin de l'enlever au dégel et d'ôter la paille qui couvre les fruits; sans cette précaution, ils prendraient un goût de paille et conserveraient une fâcheuse humidité.

En Normandie, on place les pommes par espèces dans de grandes cases en bois préparées à dessein, et on les laisse mûrir ainsi en tas avant de les broyer pour la fabrication du cidre.

§ IV. — Procédé de M. Paquet pour la conservation des fruits.

Lorsqu'on veut prolonger la conservation des beaux fruits, il faut employer le moyen indiqué par M. Paquet, habile jardinier, auquel, en 1843, deux médailles ont été décernées pour la conservation des fruits, l'une par la Société centrale d'horticulture de Paris, l'autre par celle de Meaux. M. Paquet avait présenté à ces Sociétés, dans le mois de juin, des corbeilles de fruits d'automne, admirablement conservés pour l'œil et pour le goût. Son procédé est très-simple, peu coûteux, à la portée de toutes les fortunes.

Il consiste : 1° en une caisse de bois de chêne (je pense qu'elle pourrait être en bon bois blanc), de la longueur de 60 centimètres à la base et de 66 en haut, sur une longueur de 33 centimètres. La hauteur est indéterminée ; elle pourrait être de 50 centimètres. Elle a absolument la forme d'une auge de bois, dans laquelle on donne à barboter aux chevaux ou à manger aux porcs. On place aux deux bouts de la caisse, en dehors, deux espèces d'anses qui peuvent être en corde, en cuir ou en bois, et à l'intérieur, des tasseaux, espacés environ à dix centimètres les uns des autres ; ces tasseaux sont destinés à recevoir des planches ou doubles fonds, pour y placer les fruits ; ces planches doivent joindre parfaitement les parois de la boîte. Comme celle-ci est évasée, on peut placer les doubles fonds avec la plus grande facilité, le tasseau supérieur ne gênant pas pour sortir le double fond inférieur. Je conseille de fixer à ces doubles fonds deux petites anses en corde aux deux extrémités afin de pouvoir les saisir et les enlever facilement, comme on le fait aux nécessaires à double fond. Ceci est un supplément de ma façon, négligé par M. Paquet. Lorsque la boîte et les doubles fonds sont prêts, on se procure de la sciure de bois blanc qu'on fait sécher dans un four, après qu'on en a retiré le pain, et qu'on mêle avec un huitième de poudre de charbon, comme je l'ai indiqué déjà en parlant du fruitier. On enlève tous les doubles fonds de la boîte et on garnit le fond même d'une couche d'un centimètre de cette préparation bien mêlée, sciure et charbon. Les fruits sont ensuite rangés sur l'œil, à côté les uns des autres, mais sans qu'ils se touchent; quand ils y sont placés, on ajoute de la sciure entre eux pour les garnir jusqu'aux deux tiers environ de leur hauteur, puis on soulève doucement la boîte d'un côté, puis de l'autre, par les anses, et on la frappe légèrement à terre pour faire tasser la sciure autour des fruits; on en ajoute de nouvelle s'il n'y en a pas suffisamment; enfin, on place le premier double fond sur lequel on procède avec les fruits et la sciure, toujours mélangée de poudre de charbon, comme je viens de l'indiquer, puis le second, et ainsi de suite, jusqu'à ce que tous les doubles fonds soient placés et garnis de fruits. On couvre la caisse avec un couvercle qui pourrait y être fixé par des vis ou par des charnières et un bon crochet, de manière que l'air ne pénètre pas trop. Il faut éviter d'enfoncer des pointes, ce qui pourrait nuire à l'arrangement des fruits. Cette opération faite dans une ou plusieurs caisses, on les place dans une pièce non habitée et pas trop exposée à la gelée et encore moins à la chaleur, puis on laisse le fruit en repos jusqu'à l'époque à laquelle on veut en user; comme la conservation est presque certaine, on peut garder, pour consommer les derniers, les fruits ainsi conservés. Lorsque la température commence à s'élever, comme en mars, on transporte les caisses, *sans les culbuter*, dans le lieu le plus frais de la maison ; une cave saine est très-convenable.

Ce sont de magnifiques fruits, conservés par ce procédé, qui ont valu à M. Paquet les prix dont j'ai parlé, le 16 juin, à Paris, et qui, emballés de nouveau après huit jours de séjour dans la salle d'exposition, remplie de monde du matin au soir, sont allés jouer le même rôle à Meaux où ils ont eu le même succès.

Bien entendu qu'on ne doit renfermer les fruits dans ces caisses, *Fruitier-Paquet*, qu'après les avoir fait ressuyer comme nous l'indiquons, et avoir fait un choix des fruits les mieux disposés à la conservation ; ceux qu'il a offerts aux Sociétés d'horticulture que je cite, avaient été enfermés le 3 octobre 1843 ; les caisses ont été ouvertes le 9 juin 1844 ; les fruits y ont tous été trouvés dans l'état parfait de conservation qui leur a mérité les prix.

Il ne faudrait qu'un petit nombre de ces caisses, peu dispendieuses, et de très-longue durée, pour approvisionner une table de fruits dans la saison où l'on en est le plus dépourvu ; on pourrait commencer à ouvrir les caisses en mars et continuer jusqu'en juillet, époque à laquelle les fruits d'été sont déjà abondants.

§ V. — Conservation du raisin.

Le raisin des vignes se conserve difficilement. Le chasselas de treille peut être conservé avec beaucoup plus de

succès et même aussi avant dans la saison du printemps
que les fruits à pepin. On peut en placer une certaine quantité dans le fruitier en le pendant soit aux cercles dont j'ai
parlé, soit à des pointes implantées au-devant des tablettes. Pour le suspendre, on emploie de petits crochets en fil
de fer en forme d's, de 4 à 5 centimètres de long. Ces
crochets, faciles et peu coûteux à faire, sont très-pré-
férables au fil qu'on attache avec difficulté à la queue ou
à la tête de la grappe ; le crochet peut se placer où l'on
veut, avec la plus grande facilité. Avant de mettre le
raisin dans le fruitier on l'épluchera, c'est-à-dire qu'on
coupera, *avec des ciseaux,* non-seulement tous les
grains qui ne paraîtraient pas sains, mais encore ceux
qui sont très-petits, et l'on éclaircira ceux qui seront trop
serrés. Ce nettoyage doit se pratiquer pour tous les raisins qu'on veut conserver, puis on les fait ressuyer,
comme les autres fruits, dans une pièce où l'air circule.

Mais, comme je l'ai déjà dit, si l'on encombre trop le
fruitier, tous les fruits en souffriront.

Pour conserver du raisin de vigne, on peut le cueillir
avec la branche, en réunir quatre ou cinq petites et les
attacher par les tiges et les suspendre par le bout supérieur de la tige, la grappe en bas, au plafond d'un cellier
ou même dans une pièce inhabitée. Les sarments chargés
de grappes doivent conserver leurs feuilles ; mais cette
conservation ne peut pas aller au delà de janvier ; on
peut aussi plonger des sarments chargés de grappes de
raisin de vigne ou de treille, par leur extrémité inférieure,
dans des cruches pleines d'eau ; on les dépose dans un
grenier, tant qu'il ne gèle pas, et dans une cave saine,
quand la gelée menace, car la cruche serait promptement
cassée si l'eau qu'elle contient venait à geler, et d'ail-

2.

leurs la base du sarment gèlerait ; on remet de l'eau
lorsque les branches l'ont épuisée ; par ce procédé, les
grains des raisins se rident peu dans les premiers temps,
mais on ne saurait en conserver ainsi une très-grande
quantité.

On peut encore suspendre des grappes dans des cabi-
nets obscurs et peu ou point fréquentés. On tend des
fils de fer, d'un côté à l'autre du cabinet ; le raisin y est
suspendu au moyen de petits crochets. On peut en placer
sur les planches d'un placard qu'on tient fermé et ces
planches peuvent encore être garnies de mousse bien
sèche, et grossièrement hachée, jamais de paille ; du
sable très-fin et très-sec convient aussi pour cet usage.
Ce raisin enfermé et ne prenant jamais l'air se conserve
très-bien ; mais lorsqu'on le sort de l'armoire, si elle n'a
jamais été ouverte, il noircit dès le lendemain.

Il faut enlever avec soin les grappes qui pourrissent
et même détacher les grains pourris de celles qui ne
sont pas assez altérées pour les enlever ; on détache ces
grains avec une longue épingle ou un petit bois très-
pointu, sans pour cela toucher à la grappe ; si elle est
suspendue, rien n'est plus facile ; si elle est sur une tablette on pourra de même enlever les grains pourris en
tournant la grappe avec soin, sans prendre les grains
avec les doigts.

Le chasselas se conserve parfaitement dans une cave
très-saine, ou dans une ancienne carrière ; il se flétrit
moins que dans les appartements. On peut l'y suspendre
à des cercles au moyen des crochets de fil de fer, ou le
placer sur des tablettes.

Voici un moyen employé avec succès à Villandry, près
Tours, par une de mes parentes. Elle cueille le chasse-

las parvenu à maturité, mais cependant un peu moins mûr que s'il devait être mangé immédiatement ; elle enlève même les grains trop dorés ; à plus forte raison ceux qui sont altérés ou trop petits. Elle laisse le chasselas se ressuyer trois ou quatre jours dans une pièce saine et aérée. Puis elle le place dans des caisses en bois blanc de 40 centimètres carrés et de 10 centimètres d'épaisseur, dont elle garnit le fond avant d'y poser le chasselas, d'une couche de rognures de papier bien sec ; elle ne serre point les grappes trop près les unes des autres ; elle recouvre le chasselas d'une autre couche de menues rognures de papier, puis elle pose le couvercle qui est fixé au moyen de vis. Quand le raisin est ainsi installé, elle garnit toutes les jointures de la boîte avec du papier qu'elle colle soigneusement ; puis elle place ces caisses les unes sur les autres dans un lieu à l'abri de la gelée, mais pas trop chaud et bien sec. Une autre personne se borne à envelopper chaque grappe de raisin, après l'avoir épluchée, dans un cornet de papier et à serrer ces cornets dans une armoire qu'on ouvre rarement.

Le chasselas se conserve longtemps enfermé dans des sacs de crin qu'on attache à la queue de la grappe et qu'on laisse sur le cep. Il faut de préférence choisir les grappes placées en haut d'un espalier exposé au levant. Ces grappes, ainsi garanties, ne gèlent que par un froid sévère.

Enfin on peut conserver du raisin en pot. Voici comment on procède :

Au moment de la taille, on choisit sur un cep vigoureux et de bon cépage ou sur un pied de chasselas, un sarment, auquel on donne, selon la localité, le nom de courgée, pleyon, verge, saulette, et qu'on conserve habituellement à la taille sur les vignes pour produire la plus grande quantité possible de raisin. On introduit ce sarment dans un pot en terre par le trou du fond; il faut que ce pot ait 20 centimètres de diamètre au moins; on le pose sur la terre, comme on fait pour les marcottes au panier. On force la branche à faire un tour dans le pot avant d'élever la tige, puis on garnit bien l'intérieur du pot de bonne terre végétale. La pousse de la vigne arrive; elle se fait avec vigueur dans ce pot; les grappes se développent et parcourent les phases de leur végétation. On arrête la sommité du sarment quand le raisin est parfaitement noué et on le soutient au moyen d'un petit tuteur qu'on a placé dans le pot en l'y attachant au moment du développement des bourgeons. Lorsque le raisin a acquis une parfaite maturité, on détache la branche du cep, en dessous du pot, au moyen d'un sécateur, et on emporte le pot contenant la branche qui forme un petit cep bien garni de grappes. Ces pots sont placés dans un lieu à l'abri de la gelée, obscur autant que possible, et privé de courant d'air. Il faut avoir soin d'arroser quelquefois la terre du pot si la pièce dans laquelle on l'a placé est très-sèche.

Ce raisin se conserve longtemps parfaitement frais; les ceps en pots sont d'un aspect fort agréable. Les feuilles tombent, mais si on voulait en faire l'ornement d'un appartement avant l'époque où le raisin doit être mangé, on pourrait y adapter des feuilles artificielles; il serait charmant de présenter à des convives, au mois de janvier, un cep garni de raisin et ayant toute l'apparence des vignes à l'automne. Ce procédé est facile et peu coûteux. Le sarment a formé des racines dans le pot et peut être employé à la plantation comme une marcotte.

On peut aussi placer le pot en terre et tailler la vigne ; elle pourra donner du raisin à sa deuxième année.

Pour terminer cet article, je transcrirai ici, textuellement, la description d'un *fruitier portatif* inventé et employé par le célèbre et si respectable Mathieu de Dombasle. Tout ce qu'a écrit cet homme illustre, que nous devons appeler le *père de l'agriculture française moderne*, l'a été avec une telle impartialité, une si grande vérité et un talent si supérieur, qu'on est sûr de toujours bien faire en suivant ses savants et doctes conseils. Cette description se trouve pages 294 et suivantes de son ouvrage intitulé : *le Calendrier du bon Cultivateur;* je transcris le texte dans la neuvième édition publiée en 1851.

Je n'ai pas encore expérimenté ce fruitier et je le regrette, parce que je ne doute pas des bons résultats que j'en aurais obtenus, d'autant plus que le fruitier de M. Paquet semble n'en être qu'une imitation un peu modifiée ; je vais le mettre à exécution et j'y placerai mes beaux fruits aussi bien que du raisin. Il est plus facile d'y visiter les fruits et d'en prendre pour la consommation journalière que dans celui de M. Paquet.

L'avantage qu'offre encore le fruitier portatif de Mathieu de Dombasle, c'est d'occuper peu d'espace, ce qui permet aux personnes qui rentrent l'hiver à la ville de loger leurs fruits dans les petits appartements qu'on y occupe ordinairement, ou de faire leurs provisions sur les grands marchés à l'automne, époque à laquelle les fruits se vendent bien moins cher que dans le courant ou la fin de l'hiver. Il est peu de maison ou d'appartement où l'on ne trouve, même à Paris, un petit coin pour loger ce fruitier, que d'ailleurs on peut faire dans de plus petites dimensions que celles données par son inventeur.

§ VI. — Fruitier portatif de Mathieu de Dombasle.

« Il ne se trouve presque aucune maison de ferme où l'on ne rencontre un local que l'on puisse consacrer à la conservation des fruits pour la provision de l'hiver, et qui ne soit propre à cet usage, et, dans la constitution ordinaire des habitations rurales, il devient presque toujours impossible de mettre cette provision à l'abri des dégâts des rats et des souris.

« Cet inconvénient se faisant vivement sentir dans la ferme de Roville, on s'en est affranchi au moyen de l'expédient que je vais décrire et que je donne avec confiance pour l'usage des ménages de tous les rangs.

« On fait construire en planches de sapin ou de peuplier (1), de 18 à 20 millimètres d'épaisseur, des caisses de 8 centimètres seulement de hauteur (2) et de 77 centimètres de longueur, 52 centimètres environ de largeur, le tout pris en dedans; toutes ces boîtes doivent être de dimensions bien égales, de manière à s'ajuster exactement les unes sur les autres; elles n'ont point de couvercles, et le fond est fermé de planches de 10 à 12 millimètres d'épaisseur, solidement fixées par des pointes,

---

(1) Je préférerais ce dernier : le sapin a une forte odeur qu'il doit communiquer aux fruits, surtout pendant les premières années.

(2) Je trouve cela un peu bas; on obtient à présent des fruits de plus grosses dimensions que lorsque cela a été écrit; je donnerais 10 centimètres.

sur le bord inférieur des planches qui forment les parois des caisses. Au milieu de chacun des quatre côtés de la caisse on fixe avec des clous, près des bords supérieurs, des morceaux de bois ou tasseaux d'environ 10 centimètres de longueur sur 5 à 6 centimètres de largeur et 12 à 15 millimètres d'épaisseur. Ces morceaux sont appliqués, par une de leurs faces larges, sur les faces extérieures de la caisse et en sorte qu'un de leurs bords, sur toute la longueur du tasseau, dépasse en hauteur de 6 à 8 millimètres le bord supérieur de la caisse. Ces tasseaux ont deux destinations : d'abord ils facilitent le maniement des caisses en servant de poignées par lesquelles on saisit facilement des deux mains les petits côtés d'une caisse ; ensuite ils servent d'arrêt pour tenir exactement les caisses dans leur position, lorsqu'on les empile les unes sur les autres. A cet effet, ces tasseaux doivent être un peu délardés ou amincis en dedans dans les parties qui font saillie en hauteur, de manière que la caisse supérieure puisse poser bien exactement sur les bords de la précédente, sans être serrée par le bord des tasseaux.

« On conçoit facilement, d'après cette description, que chaque caisse étant remplie d'un lit de poires, de pommes ou de raisins, etc., elles s'empilent les unes sur les autres, chacune servant de couvercle à la précédente ; et la caisse supérieure est seule fermée, soit par une caisse vide, so itpar un couvercle en planches de même dimension que les caisses. On peut empiler ainsi quinze caisses et plus, et chaque pile présente l'apparence d'un coffre entièrement inaccessible aux animaux rongeurs et que l'on peut loger dans un local destiné à tout autre usage dans lequel il n'occupe presque pas d'espace.

« J'ai indiqué la hauteur de 8 centimètres pour les caisses, parce que c'est celle qui convient pour des poires
ou des pommes de gros volume ; mais pour les fruits
plus petits on peut faire des caisses de 6 à 7 centimètres,
ou même de 5 à 6 centimètres de profondeur, et l'on peut
placer, dans la même pile, des caisses de profondeur dif-
férente, pourvu qu'elles aient toutes les mêmes dimensions en longueur et en largeur (1).

« On pourrait aussi donner à toutes les caisses plus de
longueur ou plus de largeur que je ne l'ai indiqué ; mais
j'espère que l'on trouvera toujours plus commode de ne
pas dépasser les dimensions dans lesquelles chaque caisse
peut être maniée sans effort par une seule personne. Dans
les dimensions que j'ai proposées, chaque caisse peut contenir cent poires de beurré ou de bon chrétien d'une belle
grosseur, ou plus du double de petites espèces ; en sorte
qu'une pile de quinze caisses, qui n'occupe qu'une hauteur de 1 mètre 30 centimètres au plus, contiendra en
approvisionnement de 2,000 à 2,500 poires ou pommes
d'espèces diverses.

« Les fruits se conservent parfaitement dans ces caisses, et cette bonne conservation est vraisemblablement
due à la stagnation complète de l'air dans cet appareil. On
s'efforce d'obtenir autant qu'on le peut cette condition
dans les fruitiers ordinaires, parce qu'on a reconnu que
c'est elle qui contribue le plus à la conservation des
fruits ; mais quelque soin que l'on prenne, il est impos-

---

(1) Lorsqu'on visite les fruits ou qu'on veut en prendre pour la consommation, on juge, à l'épaisseur de la caisse, de la grosseur dont ils
sont, ce qui est fort commode ; les caisses contenant des raisins peuvent
être désignées par un signe extérieur quelconque.

sible de l'atteindre dans un local le mieux clos, avec la perfection qu'on l'obtient sans aucun soin dans les caisses. On sent toutefois qu'il est encore plus indispensable ici que dans toute autre disposition de ne serrer les fruits dans les caisses que lorsqu'ils sont entièrement exempts d'humidité, puisqu'il ne peut plus y avoir d'évaporation (1).

« Les principaux avantages que l'on trouvera dans l'emploi du fruitier portatif consistent non-seulement dans la possibilité de loger une grande quantité de fruits dans un très-petit espace et de les tenir parfaitement à l'abri des animaux malfaisants, mais aussi dans la facilité avec laquelle se fait le service pour soigner et trier les fruits en enlevant ceux qui pourraient se gâter ou dont on a besoin pour la consommation journalière. En effet, la caisse supérieure de la pile étant découverte, on examine tous les fruits avec bien plus de facilité qu'on ne peut le faire entre les tablettes d'un fruitier ordinaire.

(1) Il est donc de la plus grande importance de leur laisser achever la transpiration qui suit la cueillette dans une pièce aérée, comme je l'indique, avant de les placer dans les caisses. On peut appliquer aux caisses de Mathieu de Dombasle l'emploi d'un mélange de sciure de bois blanc et de poudre de charbon, comme l'indique M. Paquet, et il n'est pas douteux qu'on en obtiendrait les mêmes bons résultats; de plus, les caisses Dombasle sont plus faciles à manier, et, comme ces caisses ont des rebords qui contiennent les fruits, on n'est pas exposé à les faire tomber en les visitant, comme dans les doubles-fonds de M. Paquet qui en sont dépourvus. M. Paquet voulait faire voyager ses fruits ; il fallait donc qu'ils fussent placés dans une caisse comme celle qu'il a employée. Encore pourrait-on faire voyager les caisses Dombasle; il suffirait d'en lier fortement, avec une grosse corde, un certain nombre ensemble; alors elles ne formeraient plus qu'une masse très-facile à transporter.

On enlève ensuite cette caisse, et on la pose à terre à côté de la pile, afin de procéder à la même opération dans la seconde caisse qui se trouve alors découverte, et toutes les caisses viennent successivement se placer ainsi l'une sur l'autre en formant une nouvelle pile dans un ordre inverse de celui de la première. Si l'on place plusieurs piles les unes à côté des autres, une seule place vide suffit pour permettre d'opérer le remaniement de toutes, parce que le déplacement de la première laisse un nouveau vide où vient se placer la seconde, ainsi de suite.

« Les fruits renfermés dans ces piles sont beaucoup moins exposés à la gelée que lorsqu'ils sont à découvert sur des tablettes ; et à moins que le local où on les conserve soit exposé à de très-fortes gelées, il sera facile d'en garantir les fruits, en revêtant ces piles de plusieurs doubles de couvertures, de vieux matelas ou de tout ce qui serait propre à cet usage ; mais si la gelée devenait trop intense, on pourrait transporter instantanément toute la provision de fruits dans un autre local, sans rien endommager et sans embarras, puisqu'il ne s'agirait que de former ailleurs une pile avec les caisses dont le transport peut s'opérer en très-peu de temps, sans déranger les fruits. Chaque caisse, dans les dimensions que je viens d'indiquer, coûtera 75 centimes ou 1 franc, selon que le prix du bois sera plus ou moins élevé dans la localité et que la construction sera plus ou moins soignée. »

On reconnaît à la netteté, à la clarté de ces descriptions, le talent de rédaction qui distingue leur savant auteur et on ne peut que rendre hommage au mérite de l'invention et de la description.

§ VII. — Emballage des fruits pour les transporter.

On emballe les cerises dans des paniers garnis avec des feuilles fraîches ; celles du châtaignier sont les plus usitées ; on garnit le fond et les parois du panier d'une couche assez épaisse de ces feuilles. Les cerises sont placées avec précaution sur ce lit de feuilles en ayant soin, à mesure qu'on les dépose, de secouer de temps en temps le panier pour *qu'elles se tassent sans s'écraser.* Lorsque le panier est plus d'à moitié plein, on passe dans les feuillages garnissant le pourtour, de petites branches dont les feuilles dépassent de beaucoup le bord du panier, et on continue de remplir le panier de cerises même au delà des bords ; à chaque extrémité, en laissant un creux au-dessous de l'anse. On arrange les cerises de la surface, une à une, à côté les unes des autres, sans laisser voir une seule queue, puis on replie les feuillages sur les cerises, en faisant passer leurs extrémités sous l'anse, et en les contenant à mesure qu'on les *bague* avec une ficelle et une aiguille à baguer qu'on passe dans les rebords du panier, ce qui forme un laçage qu'on serre à volonté, pour que les cerises, parfaitement contenues dans leur prison de verdure, ne puissent plus bouger, même par les secousses d'une charrette.

En écartant quelques feuilles sur la partie saillante du dessus des cerises, l'acheteur peut juger de leur qualité. Lorsque cet emballage est bien fait, les cerises arrivent aussi fraîches et aussi intactes au terme de leur voyage qu'elles l'étaient au moment de leur départ.

On peut aussi employer des mannequins qui se placent

à dos de cheval ou d'âne ; les cerises y sont disposées par le même procédé.

Les groseilles s'emballent de même.

Les prunes, qui doivent conserver leur fleur, s'emballent dans des orties, ou, à leur défaut, dans de la fougère ; les orties sont préférables, c'est le seul moyen de conserver aux prunes toute la fraîcheur qui en double le prix. On les range comme je l'ai dit pour les cerises, les orties remplacent les branches garnies de leur feuillage ; l'on peut encore placer une couche de prunes et une légère couche de feuilles d'orties, puis une de prunes, alternativement jusqu'en haut ; enfin on recouvre la dernière couche d'orties d'une couche de fougère ; il faut toujours baguer et serrer fortement les feuillages. Ce qu'il y a de plus important, quand on emballe quoi que ce soit, c'est que les objets emballés ne puissent point *ballotter, éprouver le moindre mouvement ;* lorsqu'on serre les fruits graduellement, sans secousse, il n'y a aucun inconvénient à ce qu'ils soient fortement comprimés.

On peut emballer les abricots comme les prunes, mais s'ils sont très-beaux et très-mûrs, il serait plus prudent de les emballer comme je vais l'indiquer pour les pêches.

Pour transporter les pêches sans les endommager, il faut les mettre dans un panier plat, ou très-peu profond dont on garnit le fond d'un lit épais de feuilles de vigne, puis on place les pêches, enveloppées chacune dans une feuille de vigne, à côté les unes des autres. On peut, à la rigueur, en mettre un second rang en couvrant les premières d'un épais lit de feuilles, mais il ne faut pas en mettre davantage, elles se meurtriraient ; on recouvre le tout de feuilles de vigne, puis d'un feuil-

lage quelconque, sans grosses branches, qui meurtriraient les fruits, puis on bague. Les paniers de pêches
doivent être transportés à la main, sur des hottes ou
tout au plus à dos d'âne ou de cheval, jamais en charrette, à moins qu'elle ne soit suspendue. La pêche est
un fruit tellement tendre, qu'on ne peut pas la baguer
assez fortement pour qu'elle ne puisse pas bouger.

Le raisin s'emballe dans de la fougère à peu près
sèche. Les paniers de raisin qui nous arrivent à Paris,
de Fontainebleau, par la Seine, sont des chefs-d'œuvre
d'emballage. Ces belles grappes dorées sont cachées dans
un lit épais de fougère, où elles sont si bien disposées
qu'on pourrait jeter le panier à terre sans qu'elles en
fussent endommagées. Il semble que les grappes soient
posées dans un nid. On emballera donc le raisin dans une
couche très-épaisse de fougère sèche et bien baguée; il ne
doit pas occuper plus du tiers de la capacité du panier ;
avant de l'y enfermer, on aura soin de bien éplucher les
grappes pour n'y laisser aucun grain qui ne soit parfaitement sain et même de grosseur convenable. On ne
doit pas en mettre plus de 1,500 grammes à 2 kilogrammes dans chaque panier qui peut être en osier très-
clair et seulement assez solide pour contenir la fougère.

On peut aussi emballer du chasselas ou d'autre raisin
de table dans du son bien sec et dégagé de toute farine,
ou dans de la sciure de bois blanc également très-sèche
et l'enfermer dans une boîte, alors on pourra en mettre
une plus grande quantité. On dépose les grappes une
à une sur une première couche de sciure ou de son ;
lorsque cette première couche est garnie, on ajoute de
la sciure jusqu'à ce que tout le raisin soit recouvert et
on tape légèrement la boîte à terre à mesure, pour que

la sciure s'introduise parfaitement entre tous les grains, puis on met une nouvelle couche de raisin qu'on traite de même, ainsi de suite jusqu'à ce que la boîte soit pleine ; la dernière couche de sciure doit être épaisse, recouverte d'une feuille de papier, et il faut que le couvercle de la boîte presse cette dernière couche lorsqu'on le ferme, de manière que le raisin soit comprimé et ne puisse plus bouger.

Le raisin ainsi emballé peut faire mille kilomètres et arriver dans un état parfait de conservation. J'en ai envoyé moi-même de Chatellerault au Havre avec un succès complet.

Les raisins de Montauban sont même simplement tassés dans des caisses plates de 10 centimètres de hauteur, de 30 de large et 40 de longueur, sans aucune matière propre à les séparer. Le succès de cet emballage dépend du soin qu'on a pris à le bien exécuter.

Les poires d'été s'emballent dans des feuilles de vigne, chaque poire séparément, si elles en valent la peine ; on les place dans un panier garni d'une couche de feuillage. On recouvre le panier avec des branchages dont on enfonce les petites tiges comme je l'ai déjà dit, entre les feuilles qui garnissent le tour du panier ; on rabat ces branches et on bague. Si les poires ne sont pas belles, on peut se borner à les placer par couches séparées par des feuilles. Il faut bien se persuader que des fruits médiocres et bien emballés se vendront mieux que s'ils étaient plus beaux et qu'ils arrivassent meurtris au marché, ou même dépourvus d'un emballage fait avec soin qui leur donne infiniment bonne apparence. Le plus beau fruit, jeté en tas sur un inventaire ou dans un panier non garni de feuilles, n'a l'air de rien, et les acheteurs disposés à payer un fruit cher n'iront même pas regarder ni marchander ceux qui seraient dépourvus d'un certain apprêt.

Les poires d'hiver et les pommes s'emballent comme les poires d'été ; lorsqu'elles sont belles, on les enveloppe seulement dans du papier gris au lieu de feuilles de vigne. Si elles sont médiocres, on se borne à garnir le panier de foin menu ou de fougère; les poires y sont placées avec soin ; cela ajoute toujours à leur valeur. Il faut surtout les serrer fortement en les baguant.

Si l'on veut les expédier au loin, on peut les emballer dans un petit baril en bois blanc ou dans une caisse où elles sont rangées, en les serrant le plus possible les unes à côté des autres après les avoir enveloppées dans du papier gris ; on force un peu en mettant le dernier fruit qui doit terminer la couche ; il sert comme de clef. Entre chaque couche de fruits on en met une petite de foin ou de feuilles de fougère sèche, puis on place un autre rang, ainsi de suite jusqu'en haut. On termine par une couche épaisse de foin ou de fougère qu'on serre très-fortement en fermant la caisse ou le baril. Pour ce dernier, on introduit du foin sous les premiers morceaux de fond lorsqu'ils sont placés, et on garnit jusqu'au dernier morceau, car, je le répète, et ne puis trop le répéter, parce que c'est une faute qu'on fait presque toujours, si vous voulez que vos fruits arrivent à bon port, il faut les serrer autant qu'il est possible de le faire, *sans les écraser ou les meurtrir;* si l'on exerce cette pression graduellement et avec précaution, on n'altèrera pas du tout les fruits.

Les framboises ne peuvent se transporter qu'à dos ou à la main et placées dans un épais lit de feuilles.

Les fraises doivent toujours être cueillies avec leurs queues ; cette nécessité est encore plus urgente quand les fraises doivent voyager. Après en avoir mis une certaine quantité dans le petit panier destiné à les recevoir et dont le fond est garni de feuilles de vigne, ordinairement on range celles de la surface une à une, comme je l'ai indiqué pour les cerises, on les recouvre de feuilles, et on place par-dessus le tout quelques feuilles de vigne et une de chou ou de papier, même un morceau de linge, qu'on attache par les quatre coins, au-dessous du panier, ou bien on bague.

Tout ce que nous avions à dire sur la conservation et l'emballage des fruits crus étant terminé, nous allons nous occuper de leur transformation en confitures, en conserves, en pâtes et de leur emploi pour la préparation des liqueurs.

CHAPITRE II.

Fruits séchés au four.

La première préparation qui se présente pour la conservation des fruits, après celle dont nous venons de parler, c'est de les faire sécher au four. Tous les fruits ne peuvent pas subir cette préparation ; quelques-uns sont trop aqueux, d'autres y perdraient leur parfum ; mais il y en a, au contraire, auxquels elle convient parfaitement. Pour faire sécher les fruits, il faut d'abord se procurer des claies en osier ; dans certains pays, ces claies se composent de trois panneaux pour garnir tout le four ; mais ces panneaux, trop grands, sont difficiles à manier, surtout lorsqu'ils sont chargés de fruits. Je préfère beaucoup les claies rondes ayant un rebord et 50 cent. environ de diamètre ; on en place une à plat, puis l'autre se place en partie sur le rebord de la première, la troisième sur le rebord de la seconde, ainsi de suite, jusqu'à ce que le four soit entièrement garni ; comme elles ne portent pas à plat sur le carreau du four, l'air circule au travers des tissus des claies et dessèche plus facilement et mieux les fruits placés dessus, et comme les claies sont un peu superposées les unes au-dessus des autres et inclinées, il en tient un grand nombre qui peuvent rece-

3.

voir plus de fruits que celles composées seulement de trois panneaux.

§ I. — Cerises sèches.

Dans les contrées méridionales de la France, les cerises sécheraient facilement étant seulement exposées au soleil; mais, justement dans ces contrées, les fruits rouges sont acides et sans parfum; il en est de même des fruits à pepins. Dans le centre et dans le nord de la France, ces fruits, au contraire, sont excellents; cette bonne nature n'a rien oublié; elle a donné à chaque climat de quoi satisfaire aux besoins et aux plaisirs de l'homme. Toutes les espèces de cerises ne sont pas propres à la dessiccation, et de ce nombre sont les cerises douces, appelées guignes, bigarreaux, etc. Il n'y a que les espèces aigres qui sont bonnes sèches, et surtout celles dont le noyau est petit, comme les cerises anglaises, griottes, les cerises de Hollande, etc.; il faut les cueillir très-mûres. On peut les attacher par petits bouquets, mais cela n'est pas nécessaire. On les place ensuite sur les claies au four, après que le pain en a été retiré. Vingt-quatre heures après, on retire les claies, on retourne les cerises, puis on fait chauffer le four au même degré que lorsque le pain en sort; on enlève avec soin toute la braise, puis on bouche le four pendant quinze à vingt minutes pour laisser abattre cette première ardeur, qui n'existe pas quand le four a cuit du pain, et d'ailleurs il faut que le four soit moins chaud pour cette seconde fois, et on remet les cerises. Cette seconde cuisson suffit toujours; souvent même, après la première cuisson, on

peut se contenter d'exposer les cerises au soleil, pendant quelques jours, pour achever leur dessiccation, car
il ne faut pas qu'elles soient dures; il faudra même, la
seconde fois qu'on les mettra au four, les visiter de
temps à autre pour les retirer à temps; elles doivent
être tout à fait ridées, mais pas dures.

Il suffit ensuite de les laisser dans une pièce aérée et
échauffée par le soleil; au bout de quelques jours, on
peut les placer dans une caisse ou un panier garni de
papier et les déposer dans un lieu sec.

On peut faire des compotes avec les cerises sèches;
elles ne sont pas aussi agréables que celles préparées
par un autre procédé; mais cependant elles sont fort
bonnes. Il faut y mettre du sucre en les faisant cuire
dans l'eau; on pourrait même y mettre un peu de vin.

§ II. — Pruneaux.

Toutes les espèces de prunes ne sont pas propres à
faire de bons pruneaux, bien que toutes puissent être
desséchées. Les prunes de table, telles que les reines-
Claude vertes et violettes, les prunes de Monsieur, etc.,
font de mauvais et fort petits pruneaux aigres et ayant
la peau dure. Les meilleures espèces sont celles qui sont
très-sucrées, fades et peu juteuses; de ce nombre, sont
les prunes de Sainte-Catherine, les prunes d'Agen, les
cuetchs (1); celles d'Agen sont préférables à toutes les
autres, mais elles ne mûrissent pas sous tous les climats.
Cependant, j'en ai cueilli et séché de fort bonnes et

(1) En allemand : *Zwetsch.*

fort belles en Poitou et en Touraine; mais les arbres prennent facilement la gomme et durent peu sous ce ciel qui manque sans doute de la chaleur qui leur est nécessaire.

On ne doit point cueillir les prunes pour faire des pruneaux; il faut même secouer légèrement les branches avec une perche munie d'un crochet et ramasser celles qui tombent, en ayant soin de rebuter celles qui sont véreuses ou vertes. Quelquefois cette cueillette se prolonge un mois et plus. On ne prend point ces soins dans le commerce; on veut faire la récolte en quelques jours, et la plus abondante possible; aussi, l'on trouve de très-mauvais pruneaux mêlés à de fort bons. On range ensuite les prunes sur les claies, les unes à côté des autres, et non superposées les unes sur les autres, et on les met au four comme je l'ai indiqué pour les cerises. Seulement, il serait inutile de tenter d'achever la dessiccation au soleil; il faut mettre les prunes deux fois au four, même quelquefois trois fois, mais c'est rare. La seconde fois qu'on les met, il faut à l'avance les retourner toutes une à une sur les claies, et alors on peut, ordinairement, mettre ce que contenaient trois claies sur deux ou trois, et garnir celle devenue vacante de prunes fraîches. Comme pour les cerises, il faut laisser la chaleur du four s'abattre avant de remettre les prunes demi-sèches au four.

Quand on veut faire des pruneaux parés, il faut, avant de les remettre au four la seconde fois, les aplatir entre les doigts, en faisant tourner le noyau dans la pulpe; on peut même fendre la prune, enlever le noyau et introduire à la place une autre prune, ce qui double son volume; cela s'appelle des *prunes fourrées;* on fait ainsi de très-beaux pruneaux de dessert.

Les pruneaux dits de Tours, qui se font presque tous dans le département de la Vienne, sont ce qu'on appelle *fleuris*, c'est-à-dire parés d'une légère teinte blanche qui ajoute à leur bonne mine sans altérer le goût. Cette teinte s'obtient en garnissant le pourtour de la porte en fer du four, en la posant, d'une espèce d'herbe qui croît en grande abondance dans les terres où l'on cultive les pruniers et dans les jardins ; cette plante, dont le nom botanique est *mercuriale*, s'appelle, selon les pays, marquois, chioles, foucerasse ; elle est tellement commune partout, qu'il est toujours très-facile de la trouver. Elle remplit deux objets : d'abord elle sert à fermer hermétiquement le four, puisqu'on la prend entre la porte et le pourtour de la bouche du four ; puis, comme elle est très-aqueuse, elle répand et conserve dans le four en séchant une humidité qui contribue à faire prendre le blanc aux pruneaux.

Toutes les prunes de qualité inférieure peuvent se faire sécher pour en faire des boissons, comme on le verra à l'article qui traite de ces boissons.

§ III. — Poires tapées.

Les poires tapées forment un excellent dessert; elles peuvent se manger sèches ou en compotes.

On peut préparer ainsi toutes les bonnes poires, à moins qu'elles ne soient trop petites, parce qu'elles se réduisent, pour ainsi dire à rien en séchant.

Les poires fondantes sont les meilleures à faire sécher; cependant le rousselet, le martin sec, etc., peuvent aussi être employés à cet usage. De la qualité des poires crues dépend celle des poires tapées.

Lorsque les poires sont bien mûres, on les pèle entières, en leur conservant la queue, et on les met dans
un plat creux; on peut les entasser jusque par-dessus
les bords du plat qui peut être en terre. Les vases en
cuivre étamés sont préférables; une bassine à confitures
est propre à la cuisson des poires au four. Quelquefois
les plats en terre se cassent ou donnent un mauvais goût.
Une fois dans le plat, on les couvre avec leurs peaux et
on verse un verre d'eau dans le fond du plat; puis on
les met au four en même temps que le pain, et on ne les
retire qu'après lui; il faut quelquefois même les y laisser
une heure après le pain; on a le soin de fermer le four.
Il faut plus ou moins de temps pour faire cuire les poires
de différentes espèces.

On enlève alors les peaux qui sont ordinairement brû-
lées, puis on prend chaque poire séparément pour la
placer sur les claies; lorsqu'elles y sont toutes, on les
remet immédiatement au four. On recueille avec soin
le jus qui se trouve au fond des plats et qui est quelquefois assez abondant.

Le lendemain on fait réduire le jus, s'il est clair, pour
en former une espèce de sirop dans lequel on trempe
les poires quand on les a retirées du four et avant de
les y remettre une seconde fois, après les avoir aplaties
entre les doigts. On les place sur la claie du côté opposé
à celui sur lequel elles étaient la première fois. Le four
pour cette seconde fois ne doit pas être plus chaud que
pour les cerises.

Si ce sirop n'était pas assez abondant, ce qui arrive
quelquefois, on pourrait y ajouter de l'eau et mettre
cuire dedans, après les avoir coupées par quartiers,
quelques poires, trop petites pour être tapées.

Souvent les poires sont suffisamment sèches après avoir été deux fois au four, car il ne faut pas qu'elles soient dures, mais seulement assez sèches pour se garder, ce qu'un peu d'habitude apprend bien vite. Si elles ne le sont pas assez, on les trempe de nouveau dans le reste du sirop, et on les remet à un four plus doux que les deux premières fois, car la moindre chaleur de trop les ferait brûler ou leur donnerait au moins une teinte trop brune qui ne serait pas agréable à l'œil.

On peut également faire cuire les poires devant le feu dans des pots en terre ou en cuivre étamés. On les empile autant que possible dans ces vases en les secouant et en frappant doucement le fond du vase sur une table. On remplit le vase d'eau et lorsque les poires ont absorbé cette eau ou qu'elle s'est évaporée par l'ébullition, on en ajoute d'autre bouillante; il faut en effet que les poires baignent toujours pour qu'elles cuisent bien, et d'ailleurs les pots en terre se briseraient s'ils restaient devant le feu à moitié pleins, car les poires diminuent beaucoup de volume en cuisant; lorsqu'elles sont cuites, on les range sur des claies comme je l'ai dit précédemment. On recueille le jus qui reste dans les vases pour tremper les poires la seconde fois qu'on les met au four, seulement il est trop clair; on le fait réduire en sirop en le faisant bouillir sur un fourneau dans un vase quelconque, mais pas en fer. Ce procédé vaut l'autre et est plus facile.

Lorsque les poires sont suffisamment sèches on les laisse refroidir et on les range une à une dans des caisses ou des paniers garnis de papier blanc.

Les poires tombées ou trop petites ou mauvaises s'emploient à faire des boissons. (*Voir* cet article.)

§ **IV**. — **Pommes tapées.**

Les pommes sont peu propres à être séchées entières, comme friandise ; j'ai trouvé un moyen d'en tirer meilleur parti. Cependant si on voulait en faire sécher, il faudrait les peler et enlever le cœur au moyen d'un *vide-pomme,* petit instrument en fer blanc de la forme d'un tuyau de soufflet, tranchant du bout le plus étroit qui doit être de la grosseur d'un cœur de pomme. Le rebord de l'autre bout est arrondi, afin qu'il ne blesse pas la main en enlevant le cœur de la pomme, ce qui se fait en appuyant à l'endroit convenable de la pomme posée sur une table. On range les pommes crues sur des claies et on les met au four après que le pain en est retiré. Si les pommes sont d'espèce tendre, il faudra attendre un peu, car elles s'écraseraient. Lorsqu'elles sont cuites, on les retourne et on les remet au four après l'avoir fait chauffer au degré convenable. Ces pommes sèches peuvent se mettre en compote ; mais il n'y aurait d'avantage à les faire sécher pour cet usage que si l'on craignait de les perdre. Elles peuvent aussi se manger sans autre préparation, mais elles sont peu agréables. Il y a cependant des départements où on en prépare beaucoup ainsi, dans la Mayenne, par exemple.

Voici le moyen que j'ai employé pour tirer parti d'une grande abondance de pommes qui se gâtaient presque aussitôt cueillies, ou qui tombaient avant la maturité de la plupart, parce qu'elles étaient piquées par les vers et ne pouvaient se conserver. Les grosses pommes de reinette de Canada, si abondantes quelquefois, sont surtout propres à cet usage ; toutes les reinettes aussi.

Je les fais peler, couper par quartiers; je leur fais aussi enlever le cœur, puis je les mets cuire à grand feu dans une bassine, ou grande casserole, avec un peu d'eau et couvertes. Lorsqu'elles tombent en marmelade, ce qui est assez prompt, on les remue constamment avec une cuiller de bois ou une spatule, pour éviter qu'elles prennent au fond et pour faire évaporer l'eau; elles arrivent promptement à former une pâte assez épaisse. Alors je mets cette pâte dans des assiettes de table à l'épaisseur de 4 à 5 centimètres; puis ces assiettes sont placées dans le four après le pain. Le lendemain la pâte est singulièrement réduite de volume et attachée par les bords aux assiettes. Avec un couteau je détache ces bords, et la pâte de pommes s'enlève alors comme une galette qu'on sort d'un moule. Quelquefois il reste un peu de pâte sur l'assiette, je la remets sur le côté de la galette dont elle s'était détachée, puis je pose ces galettes sur des claies pour les remettre dans le four à une chaleur très-douce. Le lendemain mes pommes sont séchées et forment une conserve très-agréable qui se garde parfaitement comme les pruneaux, les poires tapées, etc. On peut alors les découper de forme agréable avec des ciseaux; elles forment un joli plat de dessert. Si on veut rendre ces pâtes plus agréables, on ajoute à la pâte, avant de la mettre dans les assiettes, pendant la cuisson, un peu de sucre, de la cannelle, du zeste de citron, etc. C'est alors une véritable friandise. On sucre à volonté en goûtant sa pâte.

On peut aussi remettre ces pâtes de pommes en marmelade en faisant faire quelques bouillons dans une casserole avec un peu d'eau.

§ **V.** — **Raisin sec.**

On peut faire sécher du raisin au four comme on fait
sécher les cerises. Mais il faut le remettre plusieurs fois
au four, et il convient que le four soit plus chaud que
pour les cerises la première fois qu'on y met le raisin.
On choisit de bon raisin de vigne blanc ou rouge ou du
muscat; le chasselas ne convient pas. On le pose sur des
claies pour le mettre au four. Ce raisin sec a un goût
aigrelet qui plaît à certaines personnes; il est même
croquant. Mais il ne faut pas espérer obtenir ces excellents raisins secs qui nous viennent d'Italie et d'Espa-
gne; il leur manque la qualité des raisins de ces contrées et leur beau soleil. Voici cependant le procédé
par lequel on les fait sécher selon M. Dubreuil, *Cours
d'Arboriculture,* page 734, 2ᵉ édition :

Si on a une bonne exposition et des espèces de gros
raisins musqués qui soient bien sucrés, on pourra tenter
d'en faire sécher par ce procédé. On pourrait remplacer
le soleil par un four d'une chaleur douce.

La grande quantité de principe sucré que contiennent
en général les raisins du Midi, rend leur dessiccation et
leur conservation faciles. Aussi sont-ils devenus l'objet
d'une industrie spéciale et d'un commerce assez important dans quelques contrées du midi de l'Europe où
l'on cultive les variétés les plus recherchées pour cet
usage.

Nous avons noté dans notre texte les plus recomman-
dables de ces variétés. Malaga, la Calabre, l'Égypte, Ro-

quevaire en Provence, sont les principaux points où l'on se livre à cette culture. C'est surtout de Zante que vient le raisin dit de Corinthe.

Le procédé le plus employé pour opérer la dessiccation du raisin est le suivant : lorsque le fruit approche de la maturité, on tord la grappe et l'on effeuille, en partie, le cep, pour que les rayons solaires arrivent jusqu'au raisin et exercent leur influence, soit en favorisant la réaction des principes, soit en soustrayant l'humidité surabondante. On procède ensuite à la cueillette et on enlève les grains gâtés.

Après quoi, on laisse les grappes exposées au soleil, sur des claies, pendant un jour. Le lendemain, on prépare une lessive bouillante, faite avec de la cendre de sarment et à laquelle on ajoute quelques poignées de lavande, de romarin ou d'autres plantes aromatiques. Les grappes sont plongées à trois reprises dans cette lessive. Si les grains en sortent fendillés, la lessive est assez forte. Elle est trop forte quand les grains sont fendillés en tout sens.

Lorsqu'elle est convenablement préparée, on la laisse refroidir et déposer, on la passe à travers un linge serré, puis on la remet sur le feu. Dès qu'elle bout, on y plonge chaque grappe de raisin trois fois ; celles-ci sont ensuite placées sur des claies qu'on expose au soleil et qu'on rentre le soir. La dessiccation des raisins est ordinairement complète au bout de trois jours.

Les raisins de Corinthe sont traités différemment. On se borne à les cueillir quelques jours après leur complète maturité; on les dépose sur des claies très-serrées ou sur des draps, au soleil. Quand on s'aperçoit que les grains, tout en conservant leur pédicule, se détachent de la grappe, on les frappe légèrement avec de petites baguettes pour hâter la séparation. On sépare ensuite le reste au moyen d'un crible, puis on passe au van ou au tamis pour enlever la poussière et les débris.

———•◦•———

CHAPITRE III.

Boissons de fruits secs. — Piquette de raisin.

——o Q o——

§ I. — Boissons de fruits secs.

Tous les fruits peuvent être employés à faire des boissons, en les faisant sécher au four ; depuis l'invasion de cette affreuse maladie de la vigne, on doit apporter une nouvelle attention et un nouveau soin à préparer les fruits pour cet usage ; car outre que le vin a pris et prendra une grande valeur, on se trouvera privé des boissons ou piquettes qu'on faisait soit avec le marc, soit avec des raisins frais comme je l'indiquerai dans cet article.

Toutes les prunes de qualité médiocre ou toutes celles surabondantes doivent être séchées au four sur des claies comme je l'indique à l'article Pruneaux ; il n'est pas inutile de leur donner un degré de plus de dessiccation, sans cependant les brûler ou même les roussir. Lorsqu'elles sont parfaitement sèches, on les conserve dans des barils ou dans des caisses pour en préparer des boissons en temps utile.

Toutes les poires et les pommes tombées avant maturité ou à maturité, mais qui ne sont pas d'assez bonne qualité pour être mangées crues ou cuites, peuvent être employées à faire une très-bonne boisson. On les coupe en rouelles qu'on fait sécher au four sur des claies; il faut qu'elles aillent au moins deux fois au four. On les conserve comme les prunes et elles forment une boisson préférable à celle des prunes qui peuvent occasionner des diarrhées.

Les cormes se conservent également sèches; on les gaule pour les récolter, puis on peut les mettre tout simplement à même le four pour les faire sécher. Les nèfles, les alises et même les prunelles des haies peuvent être employées au même usage, mais elles ne valent pas les autres fruits dont j'ai parlé.

Les cormes et les poires sont les fruits préférables pour faire des boissons; les cormes durent plus que tous les autres fruits; les poires viennent ensuite, puis les prunes, etc.

Pour faire une bonne boisson, on peut mélanger les fruits, spécialement les cormes, aux pommes ou aux poires. On met deux doubles décalitres de cormes dans une futaille de 250 litres de capacité. Il faut bien laver les cormes avant de les mettre dans la futaille si elles ont été séchées à même le four comme le sont celles qu'on trouve dans le commerce, parce que leur surface est souvent enduite de cendres; puis on les introduit par la bonde et on remplit la futaille; deux ou trois jours après on peut entamer la boisson, elle est alors fort sucrée, mais bientôt il s'établit une fermentation qui la rend piquante.

On doit apporter un soin extrême à remettre tous les jours, si la consommation est grande, et tous les deux jours si elle ne l'est pas, de l'eau dans la futaille, faute de quoi la boisson, très-forte d'abord, deviendrait bientôt *plate;* de plus, ces fruits qui gonflent beaucoup ne tremperaient plus et ne tarderaient pas à se corrompre.

La boisson de cormes dure très-longtemps parce que c'est un fruit dur et qu'ayant été séché entier, il ne se laisse pas pénétrer promptement par l'eau et ne laisse échapper que lentement ses principes solubles.

La boisson de pommes, de poires ou de prunes se fait de la même façon; seulement, pour les poires et les pommes, il faut mettre trois doubles décalitres de fruits dans un tonneau de 250 litres; la futaille doit être défoncée, le fruit ne pouvant être introduit par la bonde. Ces boissons sont bonnes à boire dès le jour même; elles demandent les mêmes soins que celle de cormes; elles durent moins longtemps par les raisons que j'ai indiquées; mais elles sont peut-être plus agréables que celle de cormes; un mélange de ces fruits réunit toutes les qualités d'une bonne boisson.

§ II. — Piquette de raisin.

Le marc qui reste dans le pressoir après la fabrication du vin blanc fait d'excellente boisson. On l'empile et on le foule dans une futaille pour le conserver; le fût doit être bouché avec autant de soin que s'il contenait du liquide. Au moment de s'en servir, on défonce la futaille et on prend la moitié du marc pour le mettre dans un autre tonneau, ce qui donne deux pièces de boisson. On remplit d'eau et l'on traite comme pour les boissons de fruits secs. Je ne puis trop recommander de remettre de l'eau tous les jours en proportion de la consommation.

Les marcs de vins rouges peuvent servir à préparer des boissons, mais ils ne valent pas pour cet usage ceux du vin blanc.

Si l'on veut faire de très-bonne piquette, on cueille du raisin qu'on met dans une futaille sans l'écraser du tout; on peut donner cette destination à toutes les espèces de raisin, comme chasselas, muscat, etc., et au moins mûr des vignes. Quand la futaille est pleine on la ferme; on la met en chantier et on la remplit d'eau; il s'établit une fermentation qu'on laisse s'effectuer avant de bonder; quand la fermentation est terminée, on bonde. Cette boisson se conserve toute l'année; elle est bien plus forte que celle obtenue après le pressurage. Lorsqu'elle est en consommation on la fait durer comme les autres en y ajoutant de l'eau.

On peut aussi laisser dans la cuve le marc de raisin et la remplir à moitié d'eau ou même au delà; il s'établit une nouvelle fermentation; lorsqu'elle est achevée, on couvre la cuve et on a ainsi un demi-vin très-agréable, assez fort pour remplacer le vin pour l'usage des domestiques en leur donnant une ration plus considérable.

CHAPITRE IV.

Conservation des fruits par le procédé Appert.

Le procédé Appert est certainement une des meilleures manières de conserver les fruits et beaucoup d'autres denrées, telles que légumes, poissons, etc., etc. Il est très-connu aujourd'hui; cependant, je ne trouve pas hors de propos d'en reproduire ici la description. J'en ai longuement parlé dans ma *Maison rustique des Dames*.

La seule difficulté qu'offre ce moyen de conservation est celle de bien boucher les vases dans lesquels on conserve les fruits, et c'est cependant la principale garantie de réussite. Je dois donc donner ici quelques détails à ce sujet.

Le procédé Appert consiste à mettre dans des vases en verre, en terre ou en fer-blanc les substances qu'on veut conserver; puis les vases sont bouchés hermétiquement et soumis quelque temps à l'ébullition; après quoi, on goudronne ou l'on cachette le bouchon, s'il est de liége. Les fruits se conservent principalement dans des bouteilles de verre à large goulot, qui ne se trouvent pas partout, mais cependant qu'on se procure à présent dans presque toutes les villes d'une certaine importance. Il y en a en verre blanc ordinairement de la capacité d'un demi-litre, ce qui est suffisant pour faire

4

une compote ordinaire, et d'autres en verre de bouteille ordinaire d'un litre et d'un demi-litre ; les bouchons, proportionnés à la grosseur du goulot, doivent être de première qualité ; car, comme je viens de le dire, c'est de la manière dont est bouchée la bouteille que dépend la conservation des fruits qu'elle contient.

Pour bien boucher, voici comment on procède : quand la bouteille est pleine de ce qu'on veut y conserver, tout en ménageant, toutefois, un petit espace vide qui doit exister entre le contenu et le bouchon, on *ramollit* le bouchon en le posant à plat sur un corps dur, bois ou pierre, et en le frappant tout autour avec la tapette ; puis on le trempe dans un peu d'eau, et on le place immédiatement dans le goulot où il ne doit être introduit qu'à grand'peine ; on le frappe avec une tapette à boucher les bouteilles, ou quelque chose d'analogue, jusqu'à ce qu'il soit suffisamment enfoncé ; il ne doit pas dépasser le goulot de plus de 2 centimètres ; si l'on ne parvenait pas à l'enfoncer autant, il faudrait le couper à cette longueur, en ayant l'attention qu'il ne se dérange pas, et qu'il ne laisse pas le plus petit passage à l'air. Cela fait, on ficelle le bouchon à la manière de certains vins, avec une grande solidité ; enfin, on place les bouteilles debout dans un chaudron, dont on a garni préalablement le fond d'une bonne couche de foin ; on met ensuite assez de foin entre chaque bouteille pour qu'il n'y ait pas le moindre contact entre elles, et que, durant l'ébullition, elles ne puissent ni bouger ni toucher aux parois du chaudron. Des sacs ordinaires à argent ou de grosse toile remplacent très-bien le foin ; il en faut autant que le chaudron peut contenir de bouteilles ; mais ces sacs se conservent parfaitement d'une année à l'autre et peuvent servir très-longtemps ; c'est donc une petite dépense. On remplit le chaudron d'eau froide jusqu'à la hauteur du rebord des goulots des bouteilles ; le bouchon ne doit pas tremper dans l'eau ; il vaut même beaucoup mieux que l'eau du chaudron n'arrive qu'à la moitié de la longueur du goulot ; on place sur le feu et l'on fait chauffer vivement jusqu'à l'ébullition. J'indiquerai à chaque espèce de fruit le temps d'ébullition nécessaire à sa conservation. Lorsque ce temps est écoulé, on descend le chaudron du feu *sans toucher aux bouteilles ;* ce point est essentiel : les bouteilles casseraient à l'instant même, si on les sortait trop chaudes de l'eau pour les exposer à l'air ; lorsque le tout n'est plus qu'un peu plus que tiède, on retire les bouteilles pour goudronner le goulot, comme on le fait pour le vin ; les bouteilles refroidies sont portées à la cave où on les couche.

On peut conserver, par ce procédé, presque toutes les espèces de fruits, avec ou sans sucre. Si l'on devait se livrer un peu en grand à la préparation des fruits conservés en bouteilles, il faudrait se pourvoir d'une *machine à boucher.*

§ I. — Fruits en bouteilles.

Les cerises sont un des fruits les plus agréables et qui se conservent le mieux en bouteille. On choisit de belles cerises de Montmorency, bien mûres, et dont on coupe la queue à moitié longueur ; on les introduit dans la bouteille jusqu'à la hauteur à laquelle le bouchon doit arriver, et on frappe même légèrement le fond de la bouteille afin d'en faire entrer davantage ; on y met en même temps, et en le mêlant avec les cerises, 200 grammes de sucre pilé pour une bouteille d'un litre, ou bien du sirop préparé, comme nous le dirons plus bas ; on bouche et on fait cuire ; vingt à vingt-cinq minutes *d'ébulli-tion* suffisent.

Depuis quelques années, les confiseurs remplacent le sucre par un sirop préparé avec 1 kilogramme de sucre sur 1 litre d'eau ; quand les bouteilles sont pleines de fruits, on remplit les vides qui restent avec du sirop, et on procède, du reste, comme nous venons de le dire. Par ce procédé, les fruits se flétrissent beaucoup moins, et aucun vide ne s'établit dans les bouteilles.

Les groseilles ne supportent pas bien ce genre de conservation ; elles s'écrasent, le jus sort et il ne reste que les pepins et la peau qui nagent dans le jus, qu'il vaut mieux conserver seul, comme je l'indiquerai plus loin.

Les abricots se prêtent, au contraire, parfaitement à ce mode de conservation. On les choisit bien conformés, pas trop gros et pas tout à fait mûrs, sans cependant être verts ; on les fend pour en ôter le noyau, puis on les introduit dans la bouteille avec la même quantité de sucre que pour les cerises ; mieux encore on remplit avec du sirop. Il faut vingt-cinq à trente minutes d'ébullition.

Les framboises ainsi conservées sont aussi fort bonnes ; il ne leur faut que douze à quinze minutes d'ébullition.

La prune de mirabelle ainsi traitée, donne l'une des plus jolies conserves qu'on puisse faire. On peut enlever le noyau ou le laisser ; 150 à 200 grammes de sucre suffisent pour un flacon d'un litre, ou la quantité équivalente de sirop, et vingt à vingt-cinq minutes d'ébullition. On peut aussi conserver des prunes de reine-Claude, mais avec moins de chance de succès ; on y mettrait 200 grammes de sucre ou du sirop ; il faudrait trente minutes d'ébullition.

§ II. — Jus de groseilles sans sucre.

Le jus de groseilles se conserve parfaitement sans sucre. Il y a plusieurs manières de le préparer : on l'emploie comme le sirop ; seulement, on l'ajoute à un verre d'eau suffisamment sucrée, tandis que c'est le sirop qui sucre le verre d'eau. Le jus conservé par ce procédé est parfaitement propre à faire d'excellentes glaces à la groseille ou à la framboise.

La manière la plus simple est d'égrainer les groseilles, de les mettre dans une poêlette ou une casserole, non étamée (l'étamage altère la couleur), et de les faire cuire quelques minutes ; puis de les jeter sur un tamis pour qu'elles s'égouttent ; on laisse reposer le jus jusqu'au lendemain, puis on le décante pour laisser le fond, qui est épais et qu'on peut cependant passer à la chausse ; on remplit des bouteilles ou des demi-bouteilles, ce qui convient quelquefois mieux, parce que le jus, une fois débouché, ne se conserve pas plus de quatre à cinq jours en hiver, moins en été, et l'on procède comme je l'ai indiqué ; il n'est pas nécessaire d'avoir des bouteilles à large goulot ; dix à quinze minutes d'ébullition suffisent. En ajoutant 500 grammes de framboises par 2 kilogrammes de groseilles, on parfume très-agréablement le jus.

On peut encore écraser les groseilles sans les faire cuire pour en extraire le jus ; on les presse dans un torchon neuf et mouillé à l'avance, et l'on passe immédiatement ce jus à la chausse ou dans une étamine, puis on procède comme je viens de le dire.

Lorsqu'on a obtenu du jus par l'un ou l'autre de ces procédés, on peut y ajouter le jus de 500 grammes de cerises aigres pour 4 kilogrammes de groseilles; on les écrase et on exprime le jus qu'on mêle à celui des groseilles; on dépose le tout à la cave dans un vase non vernissé, ou d'un vernis de bonne nature, car il y a des vernis de poteries communes qui, par le contact des acides deviennent un poison; la porcelaine et le grès n'offrent pas ce danger. Le lendemain, tout le jus est coagulé; on le retire de la cave, on le coupe en tous sens pour le mettre à égoutter sur un tamis de crins; le jus qui s'écoule est alors parfaitement limpide; on le traite comme les autres; il n'a pas tout à fait le même parfum.

Lorsqu'on n'épure pas le jus par l'un des procédés indiqués, il reste au fond de la bouteille, au moment où on l'emploie, une portion épaisse et mucilagineuse peu agréable à boire, parce qu'elle est trouble; mais elle n'a point de mauvais goût. Il faut donc manier la bouteille avec précaution pour ne pas troubler le jus clair qui surnage. Cette partie trouble étant cuite pendant quelques minutes avec une quantité suffisante de sucre, forme une excellente compote.

§ III. — Jus de framboises.

Le jus de framboises peut être traité comme celui de groseilles; mais il serait inutile de chercher à l'éclaircir au moyen du jus de cerises. Il est d'ailleurs beaucoup plus transparent que le jus de groseilles. La framboise contient peu de mucilage ; aussi, comme on le verra plus loin, il est difficile d'en former une gelée.

Tous les fruits et les jus conservés par le procédé Appert peuvent se garder plusieurs années dans un état parfait de conservation ; mais il devient nécessaire de cacheter de nouveau le bouchon pour peu qu'on s'aperçoive que la cire soit endommagée. Si la fermeture n'a pas été hermétique cinq jours après la préparation, la conserve est gâtée, bien qu'elle n'en ait pas toujours l'apparence ; il se forme quelquefois une pellicule blanche à la surface du liquide contenu dans la bouteille, sans que pour cela il soit altéré ; on se borne à l'enlever en vidant la bouteille ; ce n'est quelquefois qu'en la débouchant qu'on s'aperçoit du travail de fermentation qui a eu lieu à son intérieur. Alors les substances qu'on a voulu conserver moussent et répandent une odeur aigre ou fétide au moment où l'on débouche la bouteille. Je répète donc que le seul moyen de conserver des substances par le procédé Appert est de boucher *hermétiquement.*

On prépare, pour l'approvisionnement des navires, un grand nombre de semblables conserves ; elles sont enfermées dans des boîtes de fer-blanc soudées.

CHAPITRE V.

Du sucre; de sa clarification et de ses divers degrés de cuisson.

§ I. — Choix du sucre.

Tout le sucre qui se trouve dans le commerce n'est pas également bon. Il y en a qui est plus ou moins bien raffiné ; il n'est pas toujours exempt de falsifications, et quelquefois il a un goût de terre très-désagréable. Il est essentiel d'employer de *bon sucre ;* le plus blanc n'est pas toujours le meilleur.

En l'achetant au quintal, on l'obtient à un prix moins élevé qu'en le prenant au pain ; mais le bénéfice des détaillants sur cette denrée est très-faible ; le poids du papier qu'ils y ajoutent en le vendant au petit détail est à peu près leur seul profit. En l'achetant au pain, on gagne ce bénéfice, et en gros on a, de plus, le peu que les détaillants auraient gagné en le vendant au pain, ce qui s'élève rarement au-dessus de 5 à 6 centimes par kilogramme. Les pains dits *quatre cassons,* qui pèsent environ 5 à 6 kilogrammes, me paraissent la qualité la plus convenable pour être employée à toutes les préparations que j'ai à décrire ; on peut cependant employer du sucre un peu plus commun, qu'on appelle *lumps ;* les pains de ce sucre pèsent de 12 à 15 kilogrammes ; ce sucre est mou, souvent un peu coloré au centre ou à la tête du pain ; il ne peut être employé dans les sirops ni dans les confitures transparentes sans être clarifié ; la perte qu'il subit alors équivaut à peu près à la différence du prix avec le quatre cassons. On dit qu'il sucre plus, et, sous ce rapport, il y aurait avantage à l'associer aux préparations très-acides. Le sucre dit sucre royal est d'un blanc admirable, très-dur, parfaitement cristallisé et très-propre à faire de l'eau sucrée d'une limpidité parfaite. Il est plus cher que le quatre cassons et sucre moins.

La cassonade blanche est le moins bon de tous les sucres raffinés et même bruts, parce qu'en général elle est composée de sucre *tombé,* c'est-à-dire qui n'a pas pu se cristalliser au raffinage, de manière à tenir en pain, ou de sucre qui, ayant vieilli, est tombé en poussière ; elle n'a donc pas les qualités qui constituent le bon sucre.

Le sucre brut ou cassonade jaune est de bien meilleure qualité ; il sucre beaucoup, mais il a un goût particulier qui se communique aux substances auxquelles on l'associe, ce qui ne permet pas de l'employer indistinctement à la place du sucre raffiné. Cette cassonade doit être jaune nankin, sèche, opaque, fine et mélangée de petits morceaux ronds et peu durs ; il ne faut pas la confondre avec une cassonade qui est un résidu de raffinerie.

Cette cassonade a un goût très-prononcé et ne convient à aucune des préparations que nous avons à traiter.

Le bon sucre cristallisé doit être brillant, sonore lorsqu'on le frappe avec la jointure du doigt ; il doit se casser net sans tomber en miettes, ne point altérer la transparence de l'eau et surtout s'y bien dissoudre et n'avoir aucun goût étranger; l'eau doit le pénétrer dans toutes ses parties sans qu'aucune prenne la couleur blanc-mat. Le sucre doit avoir un goût franc et ne point sentir la poussière ni le beurre, ce qui arrive quelquefois.

§ II. — Division du sucre.

Il est préférable de casser le sucre en très-petits morceaux avec un couteau et un marteau lorsqu'il est nécessaire de le broyer, que de le concasser ou de le piler ; l'action du pilon agit d'une manière fâcheuse sur le sucre ; elle en altère le goût et diminue la partie sucrée ; cette observation pourra paraître étrange, mais c'est une action physique très-connue ; lorsqu'il est nécessaire de l'employer en poudre, la râpe est encore préférable au mortier, mais c'est un moyen long et fatigant.

§ III. — Clarification.

Le sucre se clarifie avec du blanc d'œuf délayé dans de l'eau ; on soumet le tout à l'action du feu ; il faut plus de blanc d'œuf pour clarifier le sucre brut ou cassonade jaune, que pour clarifier du sucre en pain.

Sucre en pain concassé.	2,000 grammes.
Eau bien limpide.	1,000

Délayez et battez un blanc d'œuf dans l'eau avant d'y ajouter le sucre, mettez sur un feu vif et remuez de temps en temps ; portez à l'ébullition. Lorsque le blanc d'œuf est bien cuit, retirez du feu, laissez reposer un moment, écumez avec soin : on met deux blancs d'œufs pour le même poids de sucre brut.

§ VI. — Cuisson du sucre.

Le sucre doit cuire à grand feu, parce qu'il se colore en cuisant doucement.

§ V. — Sirop de sucre.

Pour faire le sirop de sucre, on concasse le sucre et on y ajoute un litre d'eau pour deux kilogrammes de sucre.

§ VI. — Petit et grand lissé.

On fait bouillir le sirop jusqu'au moment où passant l'index sur l'écumoire et l'appliquant ensuite sur le pouce, on s'aperçoit qu'en écartant les doigts il se forme un petit filet qui se rompt sur-le-champ et laisse une goutte sur les doigts ; c'est le petit lissé ; si le filet s'étend davantage sans se rompre c'est le grand lissé.

§ VII. — Petit et grand boulé.

Pour obtenir le petit boulé, il faut que le sucre bouille quelque temps de plus ; alors on trempe l'écumoire dedans, on la laisse égoutter quelques instants, puis en soufflant fortement dessus il doit se former, derrière l'écumoire, de petits globules semblables à des bulles de savon ; quelques instants après, en répétant la même expérience, le sucre forme des bulles qui se détachent et volent comme celles du savon; c'est le grand boulé.

§ VIII. — La nappe.

Le sirop est à la nappe lorsqu'il coule de l'écumoire par nappes qui tombent lentement; alors le sucre se boursoufle en cuisant.

§ IX. — Petit et grand cassé.

De la nappe, le sucre passe au petit cassé; pour le connaître on trempe une petite baguette de bois grosse comme le doigt et bien unie, d'abord dans l'eau froide, puis dans le sucre et de nouveau dans l'eau; en détachant le sucre qui s'y est attaché et le mettant sous la dent il doit s'y attacher; lorsqu'après la même opération il est cassant et quitte la dent, il est au grand cassé et *bien voisin du caramel.*

§ X. — Caramel.

Quelques instants après le sucre se colore, il en sort une fumée noire, la moindre cuisson de plus le fait brûler.

Si l'on veut employer le caramel soit pour parfumer, soit pour colorer quelque préparation, il faut, lorsqu'il a pris une belle couleur, semblable à celle du café pas très-brûlé, y verser de l'eau en quantité suffisante pour qu'il revienne à un état liquide; on laisse bouillir quelques instants et on détache avec une spatule du fond du vase dans lequel on fait la cuite ; le caramel forme alors une liqueur brun-mordoré ayant beaucoup d'analogie, pour l'aspect, avec le café prêt à être bu. Cette liqueur peut se conserver fort longtemps en bouteille si l'on y a mis la proportion d'eau convenable ; elle sert à colorer et parfumer diverses substances.

Le caramel trop cuit est excessivement amer.

———o◉o———

CHAPITRE VI.

Ustensiles nécessaires à la conservation des fruits et autres préparations.

§ I. — Ustensiles.

Le vase le plus convenable pour faire les confitures est une poêlette ou bassine en cuivre non étamée, parce que l'étamage altère la couleur de certains fruits ; mais comme l'emploi de cette bassine offre quelques dangers ou exige un soin extrême, on peut la faire étamer, alors il faudra se résigner à supporter l'altération peu importante de couleur causée par l'étamage.

Cette poêlette doit être munie de deux anses et avoir environ dix à douze centimètres de profondeur sur un diamètre indéterminé et proportionné aux besoins ; il vaut mieux plus que moins.

Une écumoire en cuivre étamé ou non comme la poêlette, et une cuiller creuse dite à soupe ou œil, doivent accompagner la bassine. Celle en argent qui sert à la soupe de la table de maître est la plus convenable. Une ou deux spatules, ou cuillers de bois à long manche, un pilon de bois ordinaire, un autre à purée en boule

de porte-manteau ou en forme de champignon ou pul-
poir, sont aussi nécessaires ; il faut en outre :

Un mortier de marbre ou de bois avec son pilon ;

Quelques terrines en grès non vernissé, s'il est possible ;

Une chausse en laine blanche et le cadre pour la
placer ;

Un blanchet ou étamine et son cadre ;

Un ou deux tamis en crin d'un tissu peu serré ; deux
ou trois petits tamis en fil de fer galvanisé ou étamé ;

Un entonnoir de verre blanc avec des filtres de papier ;

Un morceau carré de toile neuve pas trop serrée,
grosse et forte ;

Une bonne balance ayant les plateaux assez grands
et une romaine à crochet ou une bascule, mais non à
ressort, ce qui est toujours défectueux. On fait à présent
des romaines avec un plateau destiné à recevoir l'objet
qu'on veut peser et un cadran indicateur ; elles sont
très-commodes.

§ II. — Manière de couvrir les pots de confiture.

Environ huit à dix jours après que les confitures ont
été faites, plus longtemps après pour celles qui ne gèlent pas immédiatement, il faut couvrir les pots qui les
contiennent. Bien que quelques personnes aient blâmé
l'emploi du papier imbibé d'eau-de-vie qu'on doit placer
dessus avant de mettre la couverture qui se place sur le
bord du pot, je persiste dans l'opinion que ce petit papier est très-utile. Si par hasard la confiture moisit à la
surface, ce qui arrive quelquefois en dépit de tous les

soins, soit à cause de l'humidité de la saison, soit à cause de celle du lieu où les pots sont placés, soit enfin par une cause qu'on ne peut pas toujours apprécier, la moisissure se forme sur ce papier; en l'enlevant, on trouve la confiture en bon état.

On emploiera, pour faire cette première couverture, du papier fin; on lui donnera exactement la grandeur et la forme du pot à l'endroit où arrive la confiture. Il faut laisser d'un côté une petite languette pour pouvoir saisir le papier qu'on trempe dans de bonne eau-de-vie et qu'on applique avec soin sur la confiture; deux ou trois heures après on peut placer la couverture du pot.

Il y a plusieurs manières de couvrir les pots de confitures; la plus simple et la meilleure est selon moi d'appliquer le papier, puis de le fixer avec un fil fort, blanc ou rouge, on coupe ensuite les bavures. On peut aussi se borner, après avoir placé le papier sur le pot, à le rouler au-dessous du bord du pot; enfin, la manière plus élégante, mais qui n'est pas la plus solide, bien qu'elle remplisse parfaitement son but, c'est de choisir du papier fort et bien collé; on le coupe par carrés de grandeur convenable, puis on le passe dans l'eau froide et on l'applique sur le pot en appuyant avec les deux mains sur le bord du pot pour que le papier s'y applique parfaitement; on déchire doucement avec le doigt tout ce qui est superflu, puis on laisse sécher sans toucher au pot; le papier s'attache au bord du pot et se tend fortement; cette couverture est très-propre, mais le moindre choc la détache.

§III. — Conservation des confitures.

Les confitures doivent être placées dans un lieu très-sec, mais non exposé à la chaleur, soit du soleil, soit du feu ; un placard dans une pièce peu habitée est l'emplacement le plus convenable. Si l'on conserve les confitures deux ans, il faut chercher à les placer dans un lieu moins sec pour éviter qu'elles se dessèchent trop.

CHAPITRE VII.

Des confitures.

La confiture est un des moyens les plus employés pour la conservation des fruits ; c'est aussi celui qui s'y prête le mieux ; elle a, de plus, l'avantage d'être peu coûteuse relativement à tous les objets qui se servent au dessert, et de se conserver parfaitement, sans le moindre soin autre que celui d'être placée dans un endroit sec ; une fois faite, elle n'a besoin d'aucun apprêt ; il y en a un grand nombre d'espèces, presque toutes très-faciles à faire, quoique beaucoup de personnes soient persuadées du contraire. Si l'on veut suivre à la lettre mes indications, on peut être assuré d'avoir toujours des confitures excellentes.

En général, les confitures simples sont les meilleures et si l'on en trouve dans certains ouvrages un nombre infini d'espèces, souvent très-compliquées, elles y figurent plutôt pour grossir le volume que dans la conviction de donner réellement une bonne recette ; j'ajouterai, que dans une maison particulière, où l'on n'a pas tous les ustensiles qui appartiennent à l'art du confiseur, ces confitures compliquées réusissent rarement et coûtent plus cher que si on les achetait, tandis que les préparations simples sont les meilleures et reviennent à plus bas prix qu'en les achetant. Les confiseurs trouvent surtout leur bénéfice dans les moyens à leur disposition, tandis que dans les préparations simples, ils ne peuvent bénéficier que sur les matières premières, et c'est de la qualité de celles-ci que dépend en grande partie la bonté de la confiture.

On peut faire cuire les confitures au feu de bois ou de charbon; je préfère ce dernier.

Comme règle générale, je pense que c'est un mauvais calcul que d'économiser le sucre dans les confitures. Il faut toujours qu'il y ait la quantité nécessaire de parties sucrées pour la conservation du fruit; on doit arriver à cette proportion par une plus longue cuisson, ce qui altère le parfum et la couleur des confitures; l'économie contestable qu'on espère y trouver, ne saurait compenser ces défauts; la plus grande consommation du combustible qu'exige une longue cuisson, doit entrer aussi en ligne de compte, surtout à Paris et dans les grandes villes. Je dois dire aussi qu'il n'y a pas plus d'avantage à employer du sucre commun, qui perd beaucoup à la clarification. Cette perte s'augmente encore si l'on emploie de la cassonade qui de plus altère sensiblement le goût et la transparence des confitures.

§ I. — Gelée de groseilles.

La confiture de groseilles est, on peut le dire, la base de tous les approvisionnements de confitures; c'est la plus saine et celle dont on se lasse le moins. Elle convient aussi bien en état de santé que de maladie, et il est rare de trouver quelqu'un à qui elle ne plaise pas.

Il y a trois manières de la faire : deux par la cuisson, une à froid.

Premier procédé.

On choisit de belles groseilles bien mûres, mais cependant sans qu'elles soient ce qu'on appelle *tournées;* on peut mettre un quart de blanches et trois quarts de rouges, la confiture est d'une couleur plus éclatante. On les égrène et on les pèse, en ayant eu le soin de tarer à l'avance le vase dans lequel on les met. On casse du sucre en morceaux très-petits; les quantités en poids de sucre et de groseille doivent être égales. On mêle le tout et on laisse macérer un couple d'heures, après quoi on met sur un feu vif, dans une poêlette à confiture, et on remue avec une spatule ou une cuiller de bois bien propre et sans la moindre odeur que la confiture contracterait facilement. Lorsque la préparation est arrivée à l'ébullition, on laisse faire quelques bouillons pendant cinq à six minutes, par exemple, et on prend garde que les groseilles passent par-dessus la poêlette, ce qu'on évite en remuant fréquemment avec la spatule. On verse le tout sur un tamis de crin, placé sur un plan incliné au-dessus d'un vase destiné à recevoir la confiture. On laisse égoutter jusqu'à ce que le jus cesse de tomber; on enlève le tamis et on verse la confiture au moyen d'une cuiller creuse ou œil, dans des pots *bien secs;* chaque pot doit contenir 500 grammes de confiture au plus, les pots de 250 grammes sont préférables. Les confitures qui se convertissent en gelée ne doivent pas être mises dans de grands pots ; elles y prennent moins bien, et quand le pot reste quelque temps entamé, il s'y forme du sirop ; d'ailleurs la confiture prend mauvaise mine.

Si l'on veut rendre la confiture plus agréable, on y ajoute des framboises dans la proportion de 500 grammes pour 2 kilogrammes 500 grammes de groseilles, et le tout forme le poids total pour la proportion du sucre. Elles donnent un parfum excellent.

Il reste une certaine quantité de sucre dans le résidu de la confiture qui se compose des pepins et de la peau des fruits ; mais il en reste beaucoup moins qu'on ne pourrait le croire, et c'est ce qui augmente un peu le prix de revient de cette confiture comparé à celui du procédé qui va suivre. On peut mettre de l'eau sur ce résidu, le laisser tremper une ou deux heures, l'agiter, puis le passer au blanchet ; on obtiendra une eau de groseilles très-agréable, mais qui doit être bue presqu'immédiatement, parce qu'elle fermenterait.

Les confitures faites par ce procédé ont la plus belle couleur possible et une transparence admirable ; elles conservent mieux le parfum des fruits que celles faites par le procédé qui va suivre, quoiqu'il soit aussi fort bon.

Deuxième procédé.

Pour faire la gelée de groseilles un peu plus économiquement, voici comment on procède :

Après avoir égrené les groseilles, on y joint les framboises, toujours dans la proportion d'un cinquième ou d'un sixième, et on les met sur le feu dans la bassine. Lorsque les fruits sont cuits, c'est-à-dire après six à huit minutes d'ébullition, on verse sur le tamis et on laisse égoutter au moins deux ou trois heures. Quelques personnes pressent ensuite la pulpe dans un torchon neuf, et qu'on a soin de mouiller à l'avance, mais on n'ex-

5.

trait ainsi qu'une petite quantité de suc et encore est-il très-trouble, ce qui altère la transparence de la confiture. Lorsqu'on a obtenu le jus, on le pèse et on casse en morceaux un poids égal de sucre qu'on ajoute au jus; on remue et on laisse fondre pendant un couple d'heures; on met la bassine sur un feu vif, on remue pour achever de faire fondre le sucre; on laisse faire quelques bouillons seulement, pendant cinq minutes au plus, on retire du feu, on écume et on verse dans les pots.

Troisième procédé. — Gelée de groseilles à froid.

Il est assez difficile de réussir à faire la gelée à froid. On égrène les groseilles et on les écrase dans un vase de terre avec un pilon de bois. Il ne faut pas piler assez fort pour écraser les pepins qui troubleraient le jus; on exprime le jus dans un torchon neuf mouillé, puis bien tordu, et on pèse. Je suppose toujours qu'on a taré le vase dans lequel on pèse le jus. On ajoute un kilogramme de beau sucre réduit en poudre fine pour 500 grammes de jus et on remue. Le sucre a d'abord de la peine à fondre; quand il est complétement dissous, ou imbibé, car il ne se dissout pas entièrement, on porte le tout dans une cave aussi fraîche que possible. On laisse douze heures dans la terrine en remuant de temps en temps, après quoi on met la confiture dans des pots contenant 500 grammes au plus, et qu'on laisse à la cave. Ces confitures ne peuvent être retirées d'un lieux frais que lorsque les chaleurs ne sont plus à craindre. On les couvre au bout de quinze à vingt jours. Elles ne sont pas transparentes, mais elles ont une fraîcheur de goût très-remarquable; quelquefois, malgré les plus grandes précautions, on ne peut les empêcher de fermenter.

§ II. — Gelée de groseilles blanches.

Elle se fait exactement comme avec les rouges, seulement on y met un peu de zeste de citron qui lui communique un parfum très-agréable et qui lui donne du rapport avec la saveur de la gelée de pommes. Elle n'a pas le même goût que la gelée rouge.

Si l'on veut laisser quelques petites lanières d'écorce de citron dans la gelée, ce qui est agréable, après les avoir coupées de longueur convenable, on les fait bouillir dans un peu d'eau jusqu'à ce qu'elles soient tendres, on verse les lanières et l'eau dans laquelle elles ont cuit dans le jus des groseilles lorsqu'il est sur le feu pour la cuisson; la gelée se trouve ainsi parfumée; on disperse les lanières d'écorce dans les pots.

Si l'on employait, pour faire cette confiture, du sucre de qualité inférieure ou brut, il faudrait le clarifier à l'avance, sinon la couleur serait altérée; elle doit être aussi blanche que possible, pour cela il faut se hâter en la préparant, car c'est l'exposition à l'air qui la colore surtout quand elle n'est pas cuite.

§ III. — Confiture de groseilles de Bar, ou de groseilles entières.

Les confitures de Bar, qui ont pris leur nom de la ville où on les fait, demandent un bien autre travail que celles dont je viens de parler. Les groseilles restent entières;

on les choisit très-belles et à moitié mûres ; il suffit qu'elles aient atteint leur coloration, la blanche doit commencer à devenir jaunâtre, la rouge d'un rouge clair ; elles sont encore assez dures dans cet état. Il existe une nouvelle variété de groseilles qui est beaucoup plus grosse que la groseille ordinaire ; elle est moins agréable crue, mais en confiture de Bar elle conviendrait mieux. On prend chaque grain de groseille séparément et avec un cure-dent de plume un peu dur dont on retranche la première pointe d'un côté et qu'on effile de l'autre, on enlève, par le côté de la queue, tous les pepins de la groseille, en y mettant beaucoup de soin pour endommager, le moins possible, la peau et la pulpe du fruit. Si l'on veut que les groseilles soient aussi belles que possible, on ne détache pas les groseilles de la grappe et on enlève les pepins en faisant la petite fente nécessaire pour la sortie des pepins à la tête de chaque baie, ce qui augmente la difficulté du travail. Lorsqu'on a enlevé les pepins à la quantité de groseilles qu'on veut mettre en confiture, on les pèse, puis on pèse 750 grammes de très-bon sucre pour 500 grammes de groseilles.

On casse le sucre en gros morceaux et on le met sur le feu avec la quantité d'eau indiquée pour le clarifier s'il n'est pas très-beau. Cette opération faite, on laisse cuire le sucre au *petit boulé* (Voir les différents degrés de cuisson du sucre). Alors on verse doucement les groseilles et le jus qui aurait pu s'en écouler, dans le sucre placé sur un feu vif ; au premier bouillon on enlève du feu et on verse cette confiture dans de petits pots en verre blanc qui ne peuvent en contenir que 125 grammes environ. Les groseilles un peu affaissées par la cuisson se remplissent ensuite de sirop ; elles se gonflent en se refroidissant et se trouvent dispersées dans une gelée d'une transparence admirable. Pour remplir les pots on partage d'abord également, dans tous les pots, les groseilles qu'on a le soin de prendre les premières; on laisse refroidir dix à quinze minutes, puis on achève de remplir avec le sirop; sans cette précaution les groseilles remontent à la surface. Si cela arrivait néanmoins, on les enfoncerait doucement avec le manche d'une cuiller à café pendant que les confitures refroidiraient.

Ces confitures, qui sont peut-être les plus belles et les meilleures qu'on puisse faire, ne coûtent pas beaucoup plus cher que les autres si on ne compte pas le temps qu'il faut pour les préparer. 500 grammes de groseilles, préparées comme je l'ai dit, font environ dix petits pots comme ceux que j'indique; on ne doit les couvrir qu'au bout de dix à quinze jours

§ IV. — Confiture d'épine-vinette.

Il y a deux espèces d'épine-vinette, l'une a des pepins comme la groseille, l'autre n'en a pas; c'est cette dernière qu'il faut employer, elle se traite exactement comme la groseille.

§ V. — Gelée de framboises.

Elle se prépare précisément comme celle de groseilles, mais si l'on n'y mélange pas du suc de groseilles dans la proportion d'un cinquième, elle gèle peu, demande dix minutes de cuisson de plus, et n'est jamais aussi ferme que la gelée de groseilles; mais elle est délicieuse.

§ **VI.** — Confiture d'abricots en marmelade.

L'abricot est un fruit qui se prête parfaitement à plusieurs espèces de confitures ; c'est l'un des meilleurs qu'on
puisse employer. La marmelade est la plus commune et la
plus facile à préparer. On choisit des abricots bien mûrs ;
toutes les espèces sont bonnes. On les ouvre en deux et
on ôte le noyau ; on les met dans une poêlette, sur un
feu doux, et on les remue avec une spatule surtout au
premier moment pour qu'ils ne s'attachent pas au fond
de la bassine ; quand ils sont assez cuits pour que la
peau puisse se séparer de la pulpe, on les met par portions d'une ou deux cuillerées à soupe à la fois sur un
tamis de crin et on les fait passer au moyen d'un pilon à
purée. Lorsqu'on a obtenu toute la pulpe (la peau n'est
bonne qu'à être jetée aux volailles), on la pèse et l'on y
ajoute une quantité égale de sucre concassé, assez menu.
On laisse reposer une heure ou deux selon que le sucre
fond plus ou moins bien et l'on remue de temps en temps,
puis on met sur un feu doux d'abord ; on continue à remuer ; on anime un peu le feu lorsque la confiture devient claire. On laisse cuire 15 à 20 minutes après la première ébullition et on met dans des pots. Comme cette
confiture gèle peu et se raffermit seulement en refroidissant, on peut la mettre dans de plus grands pots que
ceux où l'on coule les gelées ; mais la confiture est toujours meilleure et plus belle dans de petits pots.

On peut aussi laisser la peau des abricots dans la
marmelade lorsqu'ils n'ont pas de filaments dans la pulpe
comme en contiennent les alberges de Montgamé, excellentes cependant, et la confiture n'en est pas moins

bonne. On pèse le fruit cru lorsqu'on a enlevé les noyaux et on met quantité égale de sucre concassé; alors on laisse le fruit et le sucre macérer pendant trois heures avant de les mettre sur le feu. On remue de temps à autre; on traite comme dans la recette précédente. Après la première ébullition, on laisse cuire quinze à vingt minutes; une partie des abricots restent en morceaux assez gros, qui sont fermes et excellents quand on mange la confiture. Elle convient moins bien pour faire des tartines aux enfants.

On peut casser le tiers des noyaux, monder les amandes en les jetant dans l'eau bouillante, pour les mettre à cuire avec la confiture; on les disperse dans les pots. On couvre au bout de huit à neuf jours.

§ **VII**. — **Abricots entiers.**

Une excellente et fort belle confiture qui peut être comparée à celle de Bar, est celle des abricots entiers.

Les abricots ne doivent pas être très-gros, leur peau doit être lisse et il ne faut pas qu'ils soient arrivés à une maturité complète.

On fend les abricots par la moitié pour en enlever le noyau, ou bien on laisse le noyau, mais alors il faut piquer les abricots en divers endroits sans quoi ils se déferaient et le noyau sortirait. On les pèse et on concasse 750 grammes de très-beau sucre pour 500 de fruit.

On met le sucre dans la bassine avec un verre d'eau bien claire par kilogramme; si le sucre n'est pas très-beau, on met la quantité d'eau indiquée et on clarifie, puis on fait cuire au grand boulé. Il faut que le feu soit très-vif; on met les abricots dans ce sirop, mais non tous

à la fois, seulement ce qu'il en peut tenir à la surface de
la poêlette ; quelques instants après on retourne les
fruits pour qu'ils cuisent également des deux côtés. Lorsqu'ils sont cuits, sans être écrasés, ce qui se reconnaît
facilement à la transparence qui doit exister dans toutes
les parties du fruit, on retire la bassine du feu, puis on
prend les abricots un à un avec une fourchette et on les
place dans des pots de verre blanc ; cinq abricots suffisent pour les pots ordinaires, contenant à peu près 500
grammes de confiture. Lorsqu'on a enlevé tous les abricots, s'ils n'ont pas tous tenu dans la bassine, on remet
le sirop sur le feu; on le fait cuire jusqu'au grand boulé
et on continue la cuisson de ces abricots comme je viens
de le dire. Lorsqu'ils sont tous cuits, on égoutte dans la
bassine tous le jus qui se trouve autour des abricots
placés dans les pots, puis on fait cuire le sirop au petit
boulé ; alors on le verse sur les abricots en ayant soin
de le passer dans un tamis de crin. Les abricots qui
étaient d'abord aplatis se gonflent; on les soulève en
passant une fourchette dessous pour que le sirop pénètre entre eux ; ils se trouvent alors placés au milieu
d'une gelée d'une transparence admirable, comme celle
de la confiture de Bar. Cette confiture ne coûte pas
beaucoup plus cher que la marmelade.

On peut aussi y mettre quelques amandes, comme je
l'ai dit pour la marmelade, dans le cas où les noyaux
auraient été enlevés.

§ **VIII**. — Gelée d'abricots.

On procède exactement comme pour les abricots entiers; on verse le tout sur un tamis, puis on met en pots

le jus qui s'en échappe; cette gelée est magnifique et délicieuse. Les abricots qui ont servi à la faire peuvent être mangés immédiatement comme compote ou être mis en pot où ils se desssèchent avec le temps; ils ressemblent alors à une conserve; on peut aussi, lorsqu'ils sont bien raffermis dans l'arrière-saison, les mettre à sécher au four comme je l'indique à l'article des fruits confits; on pourrait même les faire sécher quelques jours après la cuisson; mais il est préférable de les faire sécher à mesure qu'on veut les servir, parce que le sucre qui les recouvre blanchit en vieillissant.

§ IX. — Confiture de cerises.

La confiture de cerises est fort agréable, bien qu'elle ne soit pas aussi fine que celle de groseilles ou d'abricots. On choisit de belles cerises de Montmorency ou des griottes, il faut qu'elles soient bien mûres, mais non *tournées ;* on enlève les noyaux et la queue et on les met à mesure sur un tamis de crin, pour les laisser égoutter quelques instants parce qu'elles ont toujours trop de jus, surtout celles de Montmorency. On jette le jus qui s'en écoule, on les pèse et on les met dans la poêlette avec quantité égale de sucre concassé sur un feu doux, en ayant soin de remuer jusqu'à ce qu'il y ait assez de jus pour que les confitures ne puissent pas prendre au fond de la poêlette. Lorsqu'elles ont bouilli pendant une demie heure à grand feu, on peut les mettre dans les pots. Cette confiture ne gèle pas et reste toujours assez liquide ; en ajoutant 500 grammes de jus de groseilles préparé comme celui du second procédé de gelée, pour 2 kilogr. 500 grammes de cerise, elle gèle presque aussi bien que la gelée de groscilles ; elle a une belle couleur et n'en est que plus agréable.

On peut faire cette confiture avec 375 grammes de sucre pour 500 de fruits ; mais alors il faut la laisser bouillir une heure et demie ; on perd presque autant en évaporation, par l'ébullition, qu'on a épargné de sucre et la confiture est moins belle, elle se rapproche davantage, pour le goût, des conserves de cerises sèches.

Si l'on voulait avoir la confiture plus épaisse, bien que moins cuite, on pourrait, après avoir épluché les cerises, les mettre dans la poêlette et les faire fondre quelque temps, puis les faire égoutter sur un tamis, les peser et mettre 375 grammes de sucre pour 500 de fruits ; alors 40 minutes de cuisson seraient suffisantes. La confiture refroidie serait suffisamment épaisse, et il y aurait moins de perte, relativement à la quantité de sucre employée.

La confiture de cerises a le défaut de se cristalliser à la surface du pot et de brunir en vieillissant, quand elle est faite sans groseilles.

§ X. — Confiture de fraises.

On choisit pour faire cette confiture de belles fraises ananas, des caprons ou certaines espèces de fraises qui n'ont ni l'acidité de la fraise des bois ni celle des quatre saisons ou d'espèce analogue. On pèse les fraises après en avoir retité la queue et on met dans la bassine un poids égal de sucre concassé, avec un verre d'eau par kilogramme plus si le sucre a besoin d'être clarifié (Voir : *Clarification du sucre*) ; on fait cuire au petit boulé, puis on met les fraises. Lorsqu'elles sont cuites, sans être écrasées, ce qui se reconnaît à leur transparence et ce qui demande peu de temps, on les enlève avec l'écumoire et on les met dans les pots qu'on remplit à la moitié seulement; on remet le sirop sur le feu et lorsqu'il est cuit au petit boulé, on le verse dans les pots en le passant dans un petit tamis, puis on soulève les fraises pour faire pénétrer le jus partout.

Cette confiture n'est ni aussi bonne ni aussi jolie que la bonté et la grâce du fruit pourraient le faire croire ; elle prend une couleur terne peu agréable. Son goût ressemble à celui de plusieurs confitures qui sont envoyées des contrées tropicales.

§ XI. — Confiture de prunes de mirabelle.

La confiture de prunes de mirabelle est excellente, mais sa préparation demande plus de temps et plus de soins que celles qui précèdent. On peut les faire soit en marmelade, soit en prunes entières.

La marmelade se fait exactement comme celle d'abricots (*Voir* cet article) ; mais pour les prunes entières le procédé diffère de celui des abricots.

Pour confire les prunes entières, on pèse la quantité qu'on veut mettre en confiture et un poids égal de sucre. Il ne faut pas que les prunes soient très-mûres ; on les fend avec soin et l'on enlève le noyau ; on peut le laisser, les confitures n'en sont que plus jolies, alors on laisse aussi la queue ; on met le sucre dans la bassine avec un demi-litre d'eau pour un kilogramme de sucre et on clarifie si cela est nécessaire. On fait cuire au petit boulé, alors on met les prunes, on fait jeter quatre à cinq bouil-

lons et on les retire du sirop pour les placer sur un tamis ou sur des plats sans les accumuler les unes sur les
autres. On retire le sirop du feu et on le verse dans un
vase de terre non vernissé ou de porcelaine, pour le
conserver jusqu'au lendemain ; alors on remet le sirop
sur le feu avec tout le jus qui s'est écoulé des prunes
et on le fait recuire au petit boulé pour y mettre de nouveau les prunes ; elles doivent encore faire trois ou quatre
bouillons. On les retire et on procède exactement comme
le jour précédent, à moins qu'en ouvrant quelques
prunes on ne les trouve parfaitement pénétrées de sucre ;
alors on peut se dispenser de procéder une troisième
fois, ce qui est nécessaire si les prunes ne sont pas entièrement pénétrées par le sucre. Après une seconde ou
troisième cuisson s'il y a lieu, on met les prunes dans les
pots et on fait cuire le sirop au petit boulé ; on le verse
alors par-dessus les prunes.

§ XII. — Confiture de prunes de reine-Claude.

Les prunes de reine-Claude peuvent se confire entières ; c'est même une excellente confiture. Elle se fait
exactement comme je viens de l'indiquer pour les prunes
de mirabelle, mais il est indispensable de les remettre
trois fois dans le sirop et de les faire cuire dans une poêlette non étamée. Il faut les choisir peu mûres, ayant
la peau bien lisse, ne pas ôter les noyaux et couper la
queue à moitié. Le sirop dans lequel elles ont cuit ne
gèle pas, mais il s'épaissit avec le temps et quelquefois
se cristallise.

La marmelade de reine-Claude se conserve difficilement, à moins qu'on ne la fasse exactement comme celle

d'abricots en employant parties égales de sucre et de fruit; il faut aussi passer la pulpe pour en extraire la peau, et alors cette confiture est excellente et fort belle; on peut aussi ne pas séparer la peau du fruit. Mais si l'on fait cette confiture avec 375 ou même 250 grammes de sucre pour 500 de fruits, il lui faut une cuisson de deux ou trois heures pendant laquelle il faut fréquemment la remuer pour qu'elle ne s'attache pas au fond de la poêlette; elle prend une couleur brune, et contracte un goût tout différent de celle faite par le premier procédé; elle est néanmoins fort bonne et se conserve très-bien; à la fin de la saison, ou au commencement de la seconde, si elle est conservée deux ans, elle durcit et forme une espèce de pâte qu'on peut découper en morceaux et servir sur des assiettes comme des conserves ou des fruits confits; c'est fort bon.

§ XIII. — Marmelade de prunes de Sainte-Catherine.

On choisit des prunes de Sainte-Catherine bien mûres; on les ouvre pour que le jus s'en écoule facilement et on enlève autant que possible les noyaux, mais souvent ils tiennent trop pour pouvoir être facilement détachés. On met sur le feu et l'on couvre; on remue de temps en temps surtout au commencement de la cuisson. Quand les prunes sont échauffées et qu'elles fondent, on découvre. Quand elles sont assez cuites pour être passées, on les passe sur le tamis de crin avec le pilon et l'on sépare ainsi la peau et les noyaux. On pèse la pulpe qui se trouve réduite en marmelade et on y ajoute un poids égal de sucre cassé; on laisse fondre un couple d'heures, puis on met au feu. On laisse bouillir 20 à 25 minutes et l'on met en pots. C'est une fort bonne confiture.

§ XIV. — Confitures de poires.

Elles se font avec des poires fondantes : l'Angleterre, le doyenné, le beurré jaune, les calebasses, etc., sont également propres à la confection de cette confiture. Le Messire Jean et le rousselet s'y prêtent aussi ; en général, toutes les poires sucrées et non vineuses peuvent y être employées. Mais la confiture varie de couleur parce qu'il y a des poires qui restent blanches et d'autres qui deviennent rouges en cuisant. Cette confiture est délicieuse bien qu'elle soit moins en usage que celles dont j'ai parlé jusqu'à présent, et c'est à tort ; elle ne coûte pas plus cher ; mais certaines personnes s'en lassent plus vite parce qu'elle a peu d'acidité.

On pèle avec soin les poires bien mûres et on les coupe en quartiers. On enlève les pepins et les pierres qui avoisinent quelquefois le cœur ; on pèse le fruit qu'on place dans un vase pouvant contenir le double du volume du fruit et l'on y ajoute du sucre dans la proportion des trois quarts du poids, à raison de 750 grammes de sucre pour 1 kilogramme de fruit ; on concasse le sucre bien menu et on le met par couches dans les poires préparées ; on couvre et on laisse macérer pendant six heures dans la cave ; de temps en temps le mélange doit être remué avec la spatule. Quand le sucre est à peu près fondu, on met sur un feu doux et on remue presque constamment jusqu'au fond de la bassine pour éviter que la préparation s'attache et brûle. Lorsque les poires sont parfaitement cuites, ce qui demande plus ou moins de temps selon l'espèce, on le reconnaît à leur transparence; on met alors la confiture en pots. Il faut le plus ordinairement une heure de cuisson. Cette confiture se conserve très-bien, mais il arrive quelquefois que si elle est un peu trop cuite, elle se cristallise au printemps, s'épaissit et se dessèche en quelque sorte; mais elle n'en est pas moins bonne.

Les poires d'Angleterre en confiture ont un goût de vanille assez prononcé; si l'on veut rendre cette confiture très-délicate, on y ajoute un peu de ce délicieux parfum. On peut piler la vanille avec du sucre et la mettre dans la confiture à moitié cuisson. On peut faire des confitures de poires entières : il faut qu'elles soient petites, on y laisse la queue. Elles se font comme les prunes de mirabelle entières (*Voir* cet article).

§ **XV**. — Gelée de pommes.

La gelée de pommes, malgré sa grande réputation, est une confiture aussi facile à faire que les autres. La reinette franche, bien saine et pas très-mûre, comme elle l'est quand on vient de la cueillir, est l'espèce la plus convenable. On pourrait aussi employer le calville, mais cette espèce convient moins. Le mois d'octobre ou le commencement de novembre est l'époque la plus convenable pour faire de *belle gelée* de pommes; on peut en faire beaucoup plus tard d'aussi bonne, mais elle sera moins blanche.

On remplit la poêlette d'eau bien claire et bien incolore, on essuie les pommes et on les coupe par quartiers

sans les peler ; on se borne à ôter la queue et l'œil, on
les jette à mesure dans cette eau dans laquelle elles doivent baigner grandement et à laquelle on a ajouté le jus
d'un citron ou de deux s'il y a beaucoup de pommes. Cin-
quante pommes de grosseur moyenne peuvent, avec le
sucre qu'on y joint, faire 5 à 6 kilogrammes de confiture. Aussitôt qu'on a préparé assez de pommes pour la
quantité de gelée qu'on veut faire, on verse l'eau dans
laquelle elles ont été jetées pendant qu'on les coupait et
l'on verse par-dessus de nouvelle eau aussi limpide en
assez grande quantité pour que les pommes baignent
bien. On pose la bassine sur un feu très-vif et on la
couvre avec soin. On n'y touche plus. Lorsque les
pommes sont cuites sans être en marmelade, ce qui est
assez prompt, on verse le tout sur un tamis placé sur un
vase destiné à recevoir le jus. On laisse égoutter 15 à
20 minutes, on verse le jus dans la bassine qu'on a eu le
soin de tarer à l'avance et on y ajoute 625 grammes de
très-beau sucre concassé menu pour 500 de jus. On
exprime le jus de deux citrons pour la quantité de
pommes indiquée, en ayant soin d'ôter les pepins. On
met sur un feu très-vif et on laisse bouillir pendant un
quart d'heure, après quoi on verse dans des pots de petite dimension.

Ordinairement la gelée de pommes se parfume avec
du zeste de citron, parce qu'elle a naturellement peu
de parfum ; pour cela on emploie la peau des citrons
dont on a exprimé le jus ; on les pèle avant d'en exprimer le jus ; on coupe cette peau en petites lanières,
et on les met cuire dans un verre d'eau, jusqu'à ce qu'elles
cèdent facilement sous l'ongle ; on verse les lanières et
l'eau, dans laquelle elles ont cuit, dans la bassine quel-

ques instants avant de retirer la confiture du feu ; on répartit les lanières entre les pots ; elles sont fort agréables à manger.

La gelée de pommes se met souvent dans des pots en verre.

On peut faire la gelée de pommes en préparant le sucre en sirop ; on le clarifie, s'il n'est pas très-beau. On traite le jus et l'écorce de citron comme je l'ai indiqué pour la première méthode, et on l'ajoute au sirop lorsqu'il est au grand boulé. Cette méthode est même peut-être préférable, parce que le sirop étant chaud, la préparation met moins de temps à arriver à l'ébullition et c'est surtout par le contact de l'air que le jus se colore ; mais il faut faire cuire le sucre avec vivacité et ne pas le laisser dépasser le grand boulé, sans quoi il se colorerait.

La gelée de pommes ne prend pas très-bien immédiatement après qu'elle est faite ; elle se raffermit avec le temps.

Si on ne l'obtient pas aussi blanche que celle des confiseurs on doit s'en consoler, car cette excessive blancheur n'est obtenue qu'au détriment du parfum ; la gelée extrêmement blanche ne contient presque pas de suc de pommes.

§ XVI. — Gelée de coings.

La gelée de coings se fait comme la gelée de pommes ; il lui faut un peu plus de temps de cuisson, et il n'y a pas à espérer de l'obtenir aussi blanche. On emploie les coings parfaitement mûrs ; on n'y ajoute pas de jus ni de zeste de citron ; le coing est bien assez parfumé de

lui-même. On peut ensuite employer la pulpe à faire une pâte de coings fort bonne, comme je l'expliquerai plus loin.

Voici un autre procédé pour la gelée de coings ; je ne le crois pas meilleur ; mais comme il est employé et qu'il est bon, je crois devoir le donner.

On essuie les coings et on les met dans un chaudron plein d'eau où ils baignent grandement ; on fait bouillir à grand feu, et lorsqu'ils sont assez cuits pour qu'une paille puisse les pénétrer, on les retire et on les coupe par quartiers dans un vase de terre ; on verse dessus de l'eau bien limpide, assez pour qu'ils baignent, et on les laisse infuser douze heures à la cave dans un vase couvert ; après quoi on verse le tout sur un tamis et on laisse égoutter pendant deux ou trois heures ; on fait la gelée avec ce jus. On peut aussi faire une marmelade avec la pulpe des coings, après en avoir retiré la peau et le cœur ; on y met quantité égale de sucre et on traite comme les autres marmelades.

Les pepins de coings sont fort recherchés pour faire la *bandoline,* qui s'emploie pour tenir les cheveux lisses sur le front des femmes. Il faut donc recueillir tous ceux des coings qui ne sont pas employés pour la confiture et les faire sécher.

§ XVII. — Confiture de verjus.

Choisissez de gros verjus bien durs ; il faut, pour faire cette confiture avoir des espèces de raisins particulières, comme la grosse-passe musquée et non musquée, et d'autres espèces analogues ; fendez les grains, après en avoir enlevé la peau, et retirez les pepins ; pesez quantité égale de beau sucre ; 625 grammes pour 500 de fruits ne feraient que rendre la confiture meilleure ; faites cuire le sucre au petit boulé ; versez-y le verjus. Lorsqu'il est cuit, ce qui se reconnaît à la transparence, prenez-le avec une écumoire et remplissez-en les pots jusqu'à la moitié ; faites cuire le sirop au petit boulé, et achevez de remplir les pots.

Cette confiture est assez agréable et d'une nuance verdâtre assez jolie. On peut faire la même confiture avec le raisin presque mûr ; elle vaut mieux ; elle a un goût étranger qui plaît beaucoup à certaines personnes.

§ XVIII. — Confiture de pêches.

La pêche est un fruit qui se prête peu à sa transformation en confiture. Son goût lorsqu'elle est cuite n'est pas aussi agréable qu'on pourrait le supposer. Cependant, on peut convertir la pêche en confiture. On choisit des pêches presque mûres, mais pas assez pour être bonnes à manger ; on les fend en deux pour ôter le noyau ; on pèse le fruit et le sucre ; il faut 625 grammes de sucre pour 500 de fruits ; on met le sucre sur le feu pour en faire un sirop cuit au petit boulé, dans lequel on plonge les pêches ; lorsqu'elles ont fait quatre ou cinq bouillons, on les place sur des tamis et on retire le jus du feu. Le lendemain, on l'y remet en y joignant celui qui s'est écoulé des pêches, et on l'amène au petit boulé pour y replonger les pêches ; après quatre ou cinq bouillons, elles doivent être cuites, et, par conséquent, transparentes. On les met dans les pots ; puis, lorsqu'elles y

sont toutes, on égoutte dans la bassine le jus qu'on a
mis avec elles en les plaçant dans les pots ; on amène au
grand boulé et on verse le sirop sur les pêches qu'on
soulève pour qu'il pénètre partout. Pour parfumer la
confiture, on peut concasser les noyaux et faire bouillir
pendant quelques instants dans de l'eau les coquilles et
les amandes ; on emploie cette eau à faire le sirop ; la
couleur de la confiture en est un peu altérée, mais elle
prend un parfum très-agréable.

§ XIX. — Des autres confitures.

On peut transformer en confitures plusieurs autres
fruits, tels que les azeroles, les fruits d'églantiers, différentes espèces de prunes ; mais toutes ces confitures
sont de médiocre qualité. On peut cependant en faire de
bonnes avec du melon d'eau, de la fleur de bour-
rache, etc. ; presque toutes ces confitures se font avec
égale quantité de sucre ou un quart en sus du fruit ;
on peut, par analogie, se guider sur les recettes que j'ai
données plus haut. Pour la confiture du melon d'eau,
on n'emploie que la partie tendre de la côte, et non la
pulpe du fruit ; cette confiture se fait comme celle de
poires ; on coupe le melon d'eau en lannières ou en petits
carrés.

§ XX. — Raisiné.

Le raisiné est, de toutes les confitures, la moins déli-
cate et la moins coûteuse ; néanmoins, lorsqu'il est bien
confectionné, il est fort bon, très-sain et aussi doux que
toutes les autres confitures faites au sucre ; mais on ne

met pas toujours à le préparer les soins qu'il réclame pour être de bonne qualité.

Il y a plusieurs manières de faire le raisiné; dans les départements méridionaux de la France, où le raisin est fort sucré, il suffit de prendre du moût au moment où l'on fait le vin et de le mettre sur le feu pour le faire réduire environ des trois cinquièmes, et l'amener ainsi à une certaine consistance; chaud, il doit avoir la consistance d'un sirop épais; froid, il prend à peu près celle d'une marmelade. On n'a d'autres soins à lui donner pour le faire, que de le remuer très-souvent avec une spatule pour éviter qu'il s'attache au fond du vase dans lequel on le fait cuire; c'est ordinairement un chaudron de cuivre. Lorsqu'il approche de la fin de la cuisson, il faut modérer le feu, qui a pu être toujours assez vif pour entretenir une vive ébullition, et remuer presque constamment, faute de quoi le jus s'attacherait au fond et prendrait un goût de brûlé fort désagréable.

En général, dans les raisinés du Midi, on n'ajoute rien au jus de raisin. Il n'en est pas de même dans les autres départements plus septentrionaux; là, on ajoute au jus du raisin des fruits, tels que des poires, des coings, ou des légumes, comme des betteraves, des carottes, de la citrouille. Le jus de raisins seul acquerrait difficilement la consistance convenable, et serait d'ailleurs tellement acide et même acerbe, qu'il serait impossible de manger le raisiné avec plaisir.

Il y a un moyen de lui enlever l'acidité (*avec du marbre réduit en poudre très-fine*), ce qui le rend, comme je l'ai dit, fort agréable. Ce moyen est simple et peu coûteux; mais, avant de le décrire, procédons par ordre et donnons la fabrication du raisiné.

6.

Quelques personnes se bornent à prendre du moût de raisin, à la cave ou au pressoir, avant que le vin ait commencé à fermenter, mais il est préférable de choisir le meilleur raisin dans la vigne; le rouge convient mieux que le blanc, bien qu'on puisse cependant faire du bon raisiné avec du raisin blanc.

Après avoir égrené le raisin, on peut l'écraser au moyen d'un pilon; puis on presse dans un torchon neuf et mouillé à l'avance en tordant; il ne faut pas mettre trop de raisin à la fois, on presserait mal. On peut aussi, après avoir égrené le raisin, le mettre dans un chaudron sur le feu, puis le remuer jusqu'à ce qu'il ait rendu assez de jus pour ne pas s'attacher au fond, et le laisser cuire à grand feu jusqu'à ce que les grains puissent s'écraser facilement; alors on l'exprime comme je viens de le dire. Par ce moyen, on obtient du jus beaucoup plus coloré et dont le goût est un peu différent, sans que je puisse dire lequel est préférable; on en obtient aussi davantage, relativement à la quantité du raisin employé. Au surplus, le résidu de l'un et de l'autre peut retourner dans la fabrication du vin sans nul inconvénient, afin de tirer parti de tout le jus qui peut rester encore. Le résidu cuit convient même beaucoup et ne peut faire que du bien à la cuvée.

Lorsqu'on a obtenu le moût, on en prend la moitié qu'on met sur un feu très-vif, et on soumet l'autre à l'action de la poudre de marbre. Voici comment on procède : on dépose le jus dans un vase beaucoup plus grand qu'il ne faut pour le contenir (plus loin je dirai pourquoi); puis on y verse la poudre de marbre, cuillerée par cuillerée, en ayant soin de remuer constamment. Il se manifeste à l'instant une grande effervescence dans le jus, très-vive, s'il est chaud, plus lente, s'il est froid. Comme je viens de le dire, on agite, pour que le travail se fasse régulièrement. Lorsque l'effervescence a cessé, l'opération est terminée, et alors le moût est tellement dépouillé de son acidité qu'il en est fade ; on laisse reposer le moût, puis l'on décante. Le vase doit être assez grand pour que le jus ne le remplisse qu'à moitié, comme je l'ai dit, attendu que, pendant l'effervescence, le moût passerait par-dessus les bords si le vase était trop plein.

Le marbre, qui n'a pas été absorbé par le travail, reste au fond avec une certaine quantité de jus ; pour le séparer entièrement, on passe ce jus à la chausse de laine.

Le jus étant ainsi *désacidifié ou saturé,* on l'ajoute à celui qui est dans le chaudron ; le tout réuni est alors fort doux et ne conserve que le degré d'acidité convenable à la confiture.

Si le raisin n'était pas très-mûr et qu'il fût très-peu sucré, on enlèverait l'acide aux deux tiers du jus, au lieu de ne l'enlever qu'à la moitié.

Le marbre blanc est préférable à tout autre ; il altère moins la couleur du moût, qui est cependant toujours un peu modifiée ; le moût blanc devient jaunâtre, le moût noir rouge-violâtre. Mais en réunissant ce moût à celui qui n'a pas subi l'action du marbre, il reprend à peu près sa coloration naturelle, et d'ailleurs cette condition importe peu à la qualité du raisiné.

Il faut une bonne cuillerée de marbre réduit en poudre très-fine, comme de la farine, pour 8 litres de moût. Si le marbre n'était pas pulvérisé convenablement, il en faudrait beaucoup plus, il s'en décomposerait moins pendant l'opération, et il en resterait plus au fond du vase après qu'on aurait laissé reposer la préparation pour la décanter.

Rien n'est plus facile que de se procurer du marbre ; on trouve des rognures ou des morceaux chez tous les marbriers ; dans cet état, le marbre n'a pour ainsi dire pas de valeur. Quant à le réduire en poudre, on peut le faire piler dans tous les établissements où il existe des mortiers propres à cet usage, comme chez les pharmaciens, les droguistes et les épiciers. Il se pile très-facilement ; dans un petit mortier de métal on peut parfaitement le piler soi-même.

Lorsque le moût de raisin s'est réduit des trois quarts en cuisant, c'est-à-dire qu'il ne reste plus que le quart de la quantité primitive, ce qu'on ne peut obtenir qu'après une cuisson de huit à dix heures, et ce qui force à mettre le moût au feu de bonne heure le matin, on peut alors y ajouter les fruits ou les légumes qu'on se propose d'employer.

Les poires sucrées, comme le Messire Jean, la poire de beurré, le Martin sec, la poire d'Angleterre, etc., sont les plus propres à faire de bon raisiné ; celles qui ont une saveur âcre, comme la crassane, le beurré gris, le catillat, etc., ne conviennent pas. On divise les poires en quartiers, et l'on enlève avec soin la peau, les pepins et les pierres qui avoisinent souvent le cœur ; lorsqu'elles sont toutes préparées, on anime beaucoup le feu, et on jette les poires dans le moût, où elles doivent cuire jusqu'à ce qu'en prenant un quartier et le fendant en deux, il soit parfaitement cuit à l'intérieur et pénétré par le jus de raisin. Alors le raisiné forme une confiture encore liquide, mais cependant d'une certaine consistance. En refroidissant, il s'épaissit encore et ne doit pas être plus consistant qu'une marmelade, c'est-à-dire qu'il doit couler assez facilement sur une assiette; au surplus, pour que le raisiné soit convenablement cuit, il faut, lorsqu'on en met un peu sur une assiette, que le jus soit lié, et qu'on ne voie point se séparer un jus clair et très-liquide des parties épaisses et liées. Dans le raisiné cuit à point, une partie des poires est tombée en marmelade; l'autre reste en quartiers plus ou moins gros et fort agréables à rencontrer dans le raisiné.

Il est difficile de préciser la proportion de fruit à mettre relativement à la quantité de jus, parce qu'il y a des poires plus ou moins fondantes ; cependant, il faut, lorsqu'on les jette dans le jus, qu'elles s'élèvent à peu près à moitié de la hauteur qu'occupait le jus dans le chaudron lorsqu'il a commencé à entrer en ébullition.

On peut mettre des coings avec les poires, ils parfument agréablement le raisiné, mais il n'en faut pas mettre plus de la valeur d'un huitième des poires ; leur goût dominerait trop si l'on en mettait davantage. On les met une heure avant les poires, parce qu'ils sont plus longs à cuire.

Les pommes ne peuvent guère remplacer les poires dans le raisiné, elles sont trop acides à l'époque où l'on fait le raisiné et d'ailleurs elles fermentent plus facilement que les poires ; cependant on pourrait en mettre dans une faible proportion en choisissant de bonnes espèces, comme les reinettes et les calvilles.

A défaut de fruits, on peut ajouter au moût les légumes dont j'ai parlé, mêlés, ou d'une seule espèce, et le raisiné est presque aussi bon. Le meilleur légume pour cet usage est la citrouille de l'espèce appelée *bonnet turc,* dont la chair est compacte, farineuse, exempte de filaments et très-sucrée. On la pèle, on la coupe par morceaux et l'on agit comme pour les poires. Si l'on employait une autre espèce de citrouille, qui n'aurait pas les qualités du bonnet turc, il conviendrait de la faire cuire à l'avance et de la jeter sur un tamis afin d'en extraire l'eau avant de joindre la pulpe au raisiné. Alors il faudrait moins de cuisson. Si l'on adopte la citrouille bonnet turc, il en reste, lorsque le raisiné est cuit, quelques morceaux qui sont agréables; mais les autres espèces, trop molles, se défont entièrement.

Lorsqu'on met des betteraves dans le raisiné, il faut les choisir de bonne qualité de l'espèce appelée la *blanche de Silésie,* la plus sucrée et la meilleure pour la fabrication du sucre. Elle demande plus de temps de cuisson que la poire, il lui faut au moins cinq heures. On la pèle avec soin et on la coupe par morceaux de la grosseur des quartiers de poire, ou bien en tranches minces.

Lorsque le raisiné vient d'être fait avec des betteraves, il a un petit goût de terre qui passe avec le temps.

La carotte peut s'employer aussi, mais je lui préfère la betterave et la citrouille.

Comme je l'ai déjà dit, le raisiné préparé avec le marbre est infiniment préférable à celui fait sans son secours; la dépense est presque nulle et la peine aussi; d'ailleurs, cette dernière considération ne doit jamais arrêter une maîtresse de maison jalouse de bien approvisionner son ménage.

———o◉o———

CHAPITRE VIII.

Compotes.

Bien que les compotes ne soient pas comprises parmi les préparations qu'annonce le titre de cet ouvrage, cependant, sachant que nous serons agréables à nos lecteurs, nous donnerons quelques recettes de compotes.

§ I. — Compotes de cerises.

On choisit de belles cerises mûres dont on coupe la queue à moitié longueur : on fait fondre sur le feu 150 grammes de sucre pour 500 de cerises, dans deux ou trois cuillerées d'eau ; lorsqu'il est fondu, on y ajoute les cerises : quand elles sont cuites, ce qui est l'affaire de quelques minutes d'ébullition, on les retire avec une écumoire pour les mettre dans un compotier ; on laisse le jus sur le feu jusqu'à ce qu'il soit réduit à quantité suffisante, puis on le verse sur les cerises. On sert froid.

Les groseilles ni les framboises ne se prêtent à faire des compotes cuites ; elles sont trop juteuses et les pepins qui restent seuls dans la peau, sont désagréables sous la dent. La peau des groseilles est dure.

§ II. — Compote de prunes.

Elle se fait exactement comme celle des cerises. La reine-Claude, les Sainte-Catherine et la mirabelle, sont les espèces les plus convenables à employer; il leur faut un peu plus de cuisson qu'aux cerises.

§ III. — Compote d'abricots.

Même recette; on peut ôter les noyaux, ou les laisser; si on les ôte on peut les casser, monder les amandes et les faire cuire avec le fruit; elles le parfument et sont agréables à manger.

§ IV. — Compote de pêches.

Elle se prépare comme la précédente, mais elle est moins agréable.

§ V. — Compote de poires.

On peut la faire avec les poires entières ou coupées en quartiers; 125 grammes de sucre suffisent pour 500 de fruits. Si les poires sont petites, on les laisse entières et on les fait cuire dans le sirop, pour les retirer lorsqu'une paille peut les traverser; on met la queue en haut, en les plaçant dans le compotier, on fait réduire le sirop comme pour les autres compotes, et on le verse sur les fruits. Si l'on veut rendre la compote des plus délicates, on met deux centimètres de gousse de vanille cuire avec les poires, ou lorsque le sirop est cuit on le retire du feu, et cinq minutes après on verse dedans une cuillerée de kirsch.

On peut aussi faire fondre le sucre dans du vin au lieu d'eau. La compote a dans ce cas un goût différent qui ne le cède pas à celui des autres recettes lorsque le vin est bon.

La compote de poires est rouge ou blanche, selon l'espèce de fruit employé.

§ VI. — Compote de pommes.

Elle peut se faire en marmelade ou bien avec les fruits entiers. La pomme de reinette de différentes espèces et la pomme de calville sont préférables à toutes les autres. Pour la marmelade, on pèle les pommes et on les jette à mesure dans beaucoup d'eau froide ; quand elles sont toutes pelées et coupées en quartiers, on met de l'eau froide dans une casserole, puis les pommes qu'on retire de l'eau où elles ont été mises à mesure qu'on les pelait ; on ajoute 100 grammes de sucre pour 500 de fruits, 1|2 gramme de cannelle ; on couvre très-exactement et on met sur un feu vif. En un quart d'heure la marmelade est cuite ; on retire la cannelle et on sert. On peut remplacer la cannelle par du zeste de citron.

Pour faire cuire les pommes entières, on les pèle en réservant la queue, et on les jette dans l'eau acidulée d'un jus de citron. On les retire de l'eau pour les mettre dans une casserole avec de l'eau froide et 150 grammes de sucre. On fait cuire vivement sans couvrir. Aussitôt que les pommes sont cuites, on les dresse ; on fait réduire le sirop qu'on a parfumé avec de la cannelle ou du zeste de citron ; puis on le verse sur les pommes ; en refroidis-

7

sant il se gèle. On place ordinairement une cerise cuite
ou un peu de jus de groseille sur la tête de la pomme
lorsqu'elle est cuite et dressée, que le jus a été versé
dessus et qu'elle est froide; le contraste de couleur
fait ressortir la blancheur des pommes.

§ VII. — Compote de coings.

Elle se fait exactement comme celle de poires ; mais
les coings sont trop gros pour être servis entiers; d'ailleurs le centre ne serait pas assez sucré, parce que le
coing est très-acide, et sa chair compacte. Il faut le
couper en quartiers. Si l'on veut que la compote soit
blanche, il faut mettre un jus de citron dans l'eau qui
sert à la faire cuire. On peut aussi faire cette compote
au vin.

§ VIII. — Compote de verjus.

Elle se fait exactement comme la confiture du même
fruit, avec cette différence que, comme elle ne doit pas
se conserver, on y met seulement moitié de la quantité
de sucre indiquée.

§ IX. — Compote de groseilles à maquereau vertes.

On les met cuire avec 200 grammes de sucre pour
500 de fruits et quantité d'eau suffisante. Quand elles
sont assez cuites, on les dresse sans le sirop qu'on fait
réduire au petit boulé et qu'on verse dessus.

§ X. — Compote d'oranges.

On pèle parfaitement les oranges sans laisser la moindre parcelle de la peau blanche. On les sépare par quartiers. On fait cuire 500 grammes de sucre au cassé pour le même poids d'oranges. Pendant la cuisson du sucre, on jette dedans quelques portions d'écorce d'orange dont on n'a conservé que le zeste, afin de parfumer le sucre ; lorsqu'il est arrivé au degré de cuisson indiqué, on plonge les quartiers d'orange dans le sucre et on les retire avec l'écumoire pour les placer sur un tamis garni de petits treillages de fil de fer étamé. Si la cuisson du sucre a été bien saisie, il se glacera sur les quartiers d'orange qui pourront se servir secs ; si elle n'a pas été bien dirigée, ils resteront mous ; alors on les placera dans un compotier et on versera le reste du sirop dessus.

Ordinairement on sert en compote les oranges crues et coupées en tranches, et cette compote s'appelle *salade d'orange*. On met entre les rouelles quantité suffisante de sucre et assez de bonne eau-de-vie pour qu'après qu'elles en sont imbibées, il en reste un peu au fond du compotier. Au moment de servir on remue le tout comme on le fait pour une salade. De bonnes poires, de bonnes pommes et des pêches arrangées de la sorte sont excellentes.

§ XI. — Groseilles et cerises glacées.

On choisit de belles grappes de groseilles bien mûres ; on les trempe dans l'eau, puis on les roule une à une dans du sucre râpé ou pilé très-fin, puis on les expose au soleil pendant deux ou trois heures, ayant soin d'a-

jouter du sucre sur les grains qui n'en auraient pas suffisamment. Une heure avant de servir, on place les groseilles dans un compotier qu'on porte dans un lieu frais,
par exemple à l'entrée d'une glacière, ou à trois ou
quatre mètres de profondeur dans un puits. Si l'on trouve
que le sucre ne s'attache pas suffisamment aux groseilles
trempées dans l'eau, on les passe dans un blanc d'œuf
légèrement battu.

On peut faire une compote semblable avec des cerises,
mais après en avoir enlevé la peau; alors le sucre y
adhère parfaitement; c'est fort bon et moins long à
faire qu'on ne pourrait le croire. On laisse les queues
aux cerises.

On peut préparer des prunes de la même manière
ainsi que des abricots et des pêches.

§ **XII.** — Compote de marrons.

On peut la faire avec des marrons entiers ou en purée.

Pour la faire avec les marrons entiers, on leur enlève
d'abord la grosse peau, puis on les met dans un vase qui
puisse aller au feu avec assez d'eau pour qu'ils baignent
grandement. On les surveille afin de saisir le moment où
ils sont assez cuits pour être mangés, mais pas assez
pour se défaire lorsqu'on les pèle; lorsqu'ils sont à ce
degré de cuisson, on verse l'eau et on les laisse *couverts,* dans le vase dans lequel ils ont cuit, ou mieux on
les prend dans l'eau avec une cuiller un à un pour en
enlever la seconde peau; on les place alors dans un vase
creux contenant le sirop préparé comme il suit :

On pèse 350 grammes de sucre pour 500 de marrons

crus, et on le met sur le feu avec un verre d'eau ; on y
ajoute une bonne pincée de pétales de fleurs d'oranger
sèches ou 2 centimètres de gousse de vanille, ou bien du
zeste de citron, ou enfin de l'eau de fleurs d'oranger; puis
on amène à l'ébullition. On jette les marrons dans ce sirop
bouillant, mais retiré du feu à mesure qu'on les pèle,
puis on couvre. Le lendemain on décante le sirop sans
toucher aux marrons et on le remet sur le feu. Lorsqu'il
bout, on le jette de nouveau sur les marrons. On laisse
encore infuser vingt-quatre heures. On décante encore
le sirop et on dresse les marrons dans le compotier, en
prenant toutes les précautions possibles pour éviter de
les briser. On met le sirop sur le feu ; on l'amène au
grand boulé; on le verse sur les marrons. Cette compote
est délicieuse et fort distinguée ; elle se rapproche beaucoup des marrons glacés, seulement elle est humide au
lieu d'être sèche ; les quantités que je donne font une
très-forte compote.

Pour faire la même compote en purée, on met cuire
les marrons comme je viens de le dire, après avoir ôté la
grosse peau; mais il importe moins de les conserver entiers. Lorsqu'on les a pelés, on les écrase avec une fourchette et on y ajoute du sucre en poudre en quantité suffisante pour que la préparation soit bien sucrée. On peut
la parfumer avec de la vanille en poudre, du zeste de citron
qu'on obtient en frottant le sucre en morceaux sur de l'é-
corce de citron avant de le piler, ou avec des pétales de
fleurs d'oranger qu'on pile avec le sucre. On incorpore
parfaitement le sucre avec les marrons par un moyen
quelconque comme un pilon ou une fourchette, puis on
met une portion de la préparation dans une passoire fine
et posée sur le cadre destiné aux purées (Voir la *Maison*

rustique des dames de Mme Millet, page 49), puis avec
le pilon à purée on force la pâte de marrons à passer
par la passoire et à tomber dans le compotier qu'on a
placé sous le cadre. On s'arrange de manière à ce que
la pâte y tombe convenablement, car une fois faite on ne
peut pas l'arranger. Elle y tombe en petits filaments qui
se tortillent et ressemblent à du vermicelle.

Ce plat est fort joli, surtout si l'on a coloré la pâte d'une
couleur quelconque, comme avec un peu de cochenille
ou de carmin. On peut aussi faire cuire le sucre au grand
boulé, après l'avoir fait fondre dans un peu d'eau ; puis
on l'ajoute aux marrons pour en faire une pâte ; lorsqu'elle est froide, on la façonne en la passant dans la
passoire, comme je l'indique ci-dessus. On peut servir
la moitié de la compote sans coloration et l'autre moitié
colorée dans un autre compotier ; cela fait deux vis-à-vis
fort jolis.

CHAPITRE IX.

Pâtes de fruits.

§ I. — Pâte d'abricots.

Il faut choisir des abricots très-mûrs et en enlever les noyaux. On les met cuire dans une casserole ou une bassine ; lorsqu'ils sont en marmelade, on les verse dans un tamis et on passe la pulpe. On remet cette marmelade, passée, sur le feu, et on la fait évaporer pour lui donner de la consistance ; il faut remuer sans cesse, d'abord parce que cela facilite l'évaporation, puis pour empêcher que la marmelade ne s'attache au fond de la bassine, ce qui arrive facilement ; lorsque la pulpe est arrivée à la consistance convenable qui est celle d'une marmelade épaisse, on la retire du feu et on la laisse refroidir. Il conviendrait même de la verser sur des assiettes plates. Le lendemain, on pile du sucre en poudre très-fine, il est difficile de déterminer la quantité, elle dépend du plus ou moins de consistance de la pâte ; mais il en faut au moins trois fois le poids de la pulpe cuite. On met la pâte sur une table ou une planche à pâtisserie, et on incorpore vivement, avec les mains, la poudre de sucre à la pulpe d'abricot ; lorsqu'elle est arrivée à une consistance suffisante pour s'étendre avec un rouleau ou avec la main, on l'aplatit à l'épaisseur d'un demi-centimètre par petites portions en ayant soin de saupoudrer la surface pour qu'elle n'adhère ni au rouleau ni à la main ; on découpe ces abaisses, soit avec de petits moules de forme quelconque, soit avec les bords d'un verre, ou on les laisse simplement de la forme qu'on leur a donnée en les aplatissant. On place ces pâtes sur des feuilles de papier garnies de sucre pilé et on les met au four très-doux, 6 à 7 heures environ après que le pain en a été retiré. Le lendemain, on les retire du four et lorsqu'elles sont parfaitement froides on les serre dans des boîtes garnies de papier, en mettant une feuille de papier blanc entre chaque couche de pâte.

Bien que la quantité de sucre employé puisse faire penser que ces pâtes sont très-coûteuses, il en est tout autrement ; comme il n'y a point d'évaporation après la cuisson de la pulpe, il en résulte qu'avec 500 grammes de pulpe on peut faire environ 2 kilogrammes de pâte, ce qui ne porte pas le prix de la pâte à un taux bien plus élevé que celui du prix du sucre, et certes il n'est aucune espèce de bonbon qu'on puisse se procurer à ce prix ; cependant la pâte d'abricots, préparée comme je l'indique, est une des friandises les plus délicates qu'on puisse manger.

On peut aussi la préparer en ajoutant une partie de sucre, comme poids égal, pendant la cuisson ; laisser refroidir sur des assiettes et achever la préparation avec le sucre pilé, je crois même ce moyen plus convenable ; la pâte n'est pas tout à fait semblable à celle que donne l'autre recette.

On peut encore préparer la marmelade comme je l'ai dit et lorsqu'elle est passée, la mettre au four dans des assiettes, deux heures après que le pain est retiré; elle se dessèche assez pour qu'on puisse le lendemain la détacher des assiettes en soulevant le pourtour avec la pointe d'un couteau et la manipuler avec le sucre en poudre.

§ II. — Pâte de coings.

Elle peut se faire avec les coings qui ont servi pour la gelée : on les pile, on enlève les pépins et les pierres et on les passe. On peut aussi faire cuire des coings pelés et dégagés de leurs pepins et des pierres qui les environnent, on couvre pendant la cuisson, on passe et on fait évaporer avec ou sans sucre comme la pâte d'abricots.

Cette pâte le cède peu en bonté à celle d'abricots ; elle entre comme elle dans les bonbons fins qui se vendent 8 francs le kilogramme chez les confiseurs.

On peut transformer plusieurs espèces de fruits en pâtes; celle de pommes doit être parfumée avec du zeste de citron ou de la cannelle.

7.

CHAPITRE X.

Conserves.

On appelle conserve une préparation de sucre aroma-
tisée avec un parfum quelconque. Bien que cette préparation semble employer une grande quantité de sucre, cependant, comme on doit considérer les conserves comme
des bonbons, on verra qu'on obtient 500 grammes de
bonbons pour 500 grammes de sucre et que la valeur du
parfum qu'on y ajoute est presque nulle.

§ I. — Conserve de citrons.

Levez le zeste d'un citron et mettez-le à bouillir
dans un verre et demi d'eau; après 10 minutes d'ébullition, passez, remettez l'eau sur le feu et ajoutez 500
grammes de sucre concassé, faites cuire au grand boulé,
fort, et prenez garde de passer cette cuisson; le sucre
au cassé est un peu trop cuit et se boursoufle. Exprimez à l'avance le jus du citron, jetez-le dans le sucre
après l'avoir laissé 5 minutes hors du feu, remuez vivement avec une spatule de bois, jusqu'à ce que la préparation soit blanche, versez dans de petites caisses de papier préparées à l'avance ou dans des moules de fer-

blanc. Si les caisses ou les moules sont de trop grandes dimensions, tracez avec une pointe de couteau, des carreaux ou des losanges sur la conserve avant qu'elle ne soit froide ; laissez refroidir, sortez des caisses et séparez les tablettes. La conserve ainsi préparée n'adhère point au papier.

On peut frotter le sucre qu'on doit employer sur le zeste de citron, jusqu'à ce qu'on l'ait tout enlevé, au lieu de faire bouillir les zestes dans l'eau ; on ne met, dans ce cas, qu'un verre d'eau pour 500 grammes de sucre à la cuisson.

On peut aussi enlever le zeste du citron, exprimer le jus dessus et laisser infuser pendant trois ou quatre heures ; on passe et on verse le jus qui se trouve ainsi parfumé dans le sucre cuit à point. Ces trois manières sont également bonnes. Par ce dernier procédé le parfum est peut-être plus délicat, mais moins fort ; il faudrait un très-beau citron ou deux petits pour parfumer 500 grammes de sucre.

On peut, avant que la préparation soit tout à fait froide, la retirer des moules, la diviser, et rouler entre les doigts chaque morceau pour lui donner la forme d'une olive, puis la passer dans du sucre pilé, et la mettre sécher dans un endroit chaud sur un tamis.

§ II. — Conserve de groseilles.

Faites cuire 500 grammes de sucre au grand boulé fort, comme pour la précédente conserve ; ajoutez, après cinq minutes de refroidissement, deux cuillerées à bouche de bonne gelée de groseilles parfumée avec de la framboise ; battez jusqu'à ce que la préparation soit parfaitement mélangée et bien opaque, versez dans les moules. On peut les disposer en forme d'olive, comme je l'indique pour la conserve de citrons.

On peut aussi employer du jus de groseilles conservé par le procédé Appert; la préparation n'en sera que plus agréable.

§ III. — Conserve à la vanille.

Faites cuire le sucre comme pour les préparations précédentes et ajoutez, au moment de battre, le tiers d'une gousse de vanille pilée avec du sucre pour 500 grammes de sucre. Terminez comme ci-dessus.

§ IV. — Conserve de coings.

On la prépare absolument comme celle de groseilles. On emploie du jus de coings cuits ou de la gelée.

§ V. — Conserve de fleurs d'oranger.

Pour 500 grammes de sucre, préparé comme pour les autres conserves, mettez 100 grammes de fleurs d'oranger fraiches dont on sépare les calices et les étamines pour n'employer que les pétales; procédez comme pour les autres conserves. Si l'on veut la rendre plus légère, on laisse le sucre cuire un instant de plus. Lorsqu'il se boursoufle, on retire vite du feu, on agite et on verse dans les caisses ou dans les moules.

§ **VI**. — Conserve de violettes.

Elle se fait absolument comme celle de fleurs d'o-
ranger ; elle est d'une fort jolie couleur.

§ **VII**. — Conserve d'abricots.

On la prépare comme celle de groseilles ; on peut la
faire avec le fruit frais ; pour cela on fait cuire quatre
ou cinq abricots, puis on les verse sur un tamis fin pour
en obtenir le jus.

CHAPITRE XI.

Fruits confits.

§ I. — Marrons glacés.

C'est surtout pour les préparations qui vont suivre que le défaut d'étuve se fait sentir ; aussi ne peut-on espérer les réussir aussi bien que les confiseurs, ni les conserver glacés comme ils le font ; cependant, ces préparations ne le cèdent pas en bonté aux leurs ; elles ont seulement moins de mine.

Les marrons glacés sont une des friandises les plus recherchées ; ils ne sont pas très-difficiles à préparer, mais leur préparation demande beaucoup de temps. Il est aussi absolument nécessaire d'avoir de petits tamis, garnis de treillages en fil de fer étamé ou galvanisé.

Otez la grosse peau à 1,500 grammes de beaux marrons ; mettez-les cuire dans un pot avec quantité suffisante d'eau pour qu'ils baignent grandement ; lorsqu'ils sont cuits *sans être écrasés*, retirez le pot du feu et prenez les marrons un à un pour enlever la seconde peau qui se détache alors facilement ; mettez tous vos soins à conserver les marrons le plus entiers possible. Il importe à cet effet de se procurer des marrons qui n'aient pas de cloisons ; faites fondre à l'avance 1 demi-kilogramme de sucre dans 1 demi-litre d'eau et versez-le, lorsqu'il est arrivé à l'ébullition, dans un vase taré muni d'un couvercle ; une soupière est très-convenable ;

une terrine de porcelaine couverte vaut mieux encore.
Jetez vos marrons dans ce sirop à mesure que vous les
pelez, ce qui doit être fait le plus promptement possible,
afin d'éviter que les marrons refroidissent, ils ne se pè-
leraient plus ; le sirop doit être chaud pour les recevoir.
Laissez infuser jusqu'au lendemain ; alors décantez bien
tout le sirop en tenant le couvercle presque juste sur
l'ouverture du vase qui contient les marrons pour éviter
qu'ils tombent, et mettez-le de nouveau sur le feu. Faites-
le bouillir pendant cinq à six minutes. Versez sur les
marrons, laissez infuser jusqu'au lendemain, puis, procédez de la même manière. Si le sirop ne paraissait pas
prendre un peu de consistance on le ferait réduire quelques minutes de plus.

Lorsqu'en continuant de procéder ainsi on est arrivé
à mettre le sirop à la nappe, presqu'au petit boulé, on y
ajoute quatre cuillerées de bonne eau de fleurs d'oranger ; la qualité de cette eau a une grande influence sur
la bonté des marrons, car si elle a un goût de pourri,
comme cela n'arrive que trop souvent, les marrons ne
manqueront pas de le contracter. Pour éviter cet inconvénient, on pourrait faire infuser pendant un quart
d'heure 1 demi-gramme de pétales de fleurs d'oranger
sèches dans un peu d'eau, et ajouter au sirop l'infusion
après l'avoir passée. On peut aussi laisser les pétales
qui cuisent dans le sucre ; ils s'attachent aux marrons et
sont fort agréables à manger.

Vingt-quatre heures après cette cuisson, on décante
encore le sirop et on l'amène au grand boulé un peu fort,
on le laisse refroidir sept à huit minutes, puis on le verse
pour la dernière fois sur les marrons. On laisse infuser
quarante-huit heures, après quoi on retire les marrons

de ce sirop, très-épais, pour les placer un à un sur des plats et sans qu'ils se touchent pour qu'ils s'égouttent un peu, puis on les met, toujours avec le plus grand soin, sur les tamis et on place ces tamis soit sur le marbre chaud d'un poêle ou d'une cheminée prussienne ou dans un four, huit à dix heures après que le pain en a été retiré, ayant eu soin de tenir le four fermé ; douze heures après, les marrons sont glacés et secs, on les tient dans un lieu parfaitement sec dans une boîte, placés par couches entre des feuilles de papier. Si l'on veut les conserver longtemps, on les laisse dans le sirop et on les en retire pour les faire sécher au moment où l'on veut les glacer, parce que lorsqu'ils sont glacés d'avance, ils durcissent et le sucre qui les recouvre blanchit.

S'il reste un peu de sirop, on peut le conserver pour glacer d'autres marrons dans lesquels on mettrait un peu moins de sucre ; alors on ajouterait ce sirop aux deux dernières cuissons, et enfin, si l'on ne voulait pas l'employer ainsi, on pourrait lui donner un degré de cuisson de plus et battre le sucre pour le préparer comme les conserves ; il devient ainsi un bonbon très-délicat.

§ II. — Angélique confite ou glacée.

Il faut la choisir très-tendre, c'est un point important, et rejeter les tiges extérieures, celles du cœur valent mieux, elles sont plus tendres ; on les coupe de longueur convenable et on les essuie ; on les jette dans de l'eau bouillante et placée sur un feu vif ; l'eau doit être en très-grande quantité par rapport à la quantité d'angélique à confire ; on couvre aussitôt que l'angélique est assez cuite ; il ne faut pas qu'elle se défasse, mais seulement qu'elle cède sous le doigt ; on la prend avec une écumoire pour la jeter dans une assez grande quantité d'eau foide animée de 15 grammes d'alun ; l'angélique doit y baigner largement ; lorsqu'elle est froide, on la retire de l'eau et on la place sur du linge bien propre et sec. On visite chaque morceau pour enlever les fils de ceux qui pourraient en avoir quelques-uns ; en les prenant par un bout on tire doucement le fil et on enlève la petite peau qui se trouve dans l'intérieur de la côte. On les place à mesure dans un vase muni d'un couvercle et on procède exactement comme pour les marrons glacés ; seulement on n'aromatise pas le sucre, le parfum de l'angélique étant bien suffisant, et l'on mène le sucre à cuisson suffisante, un peu plus vite.

Quand les cuissons ont amené le sirop au boulé, on peut mettre l'angélique en pot et la conserver dans le sirop. Quand on veut la glacer, on la retire du sirop, et on la fait égoutter ; on donne un degré de cuisson de plus au sucre et on le verse sur l'angélique. On procède ensuite pour faire sécher l'angélique comme je l'indique pour les marrons.

Autre procédé.

Coupez l'angélique, bien tendre, en morceaux de longueur convenable et mettez-la dans de l'eau sur le feu ; au premier bouillon, retirez du feu et laissez infuser une demi-heure. Enlevez les filaments qui peuvent se trouver sur les côtes, et la peau qui est dessous, et jetez dans une bassine à moitié pleine d'eau dans laquelle vous avez fait dissoudre 10 à 15 grammes d'alun ; faites cuire à grand feu jusqu'à ce que l'angélique soit suffisamment cuite pour céder sous le doigt ; jetez-la dans l'eau froide. Une heure après, faites égoutter sur un tamis ou sur des linges secs et bien propres ; jetez alors l'angélique dans le sirop cuit à la nappe ; 1 kilogramme de sucre suffit pour 1 kilogramme d'angélique cuite. Après quelques bouillons, retirez du feu et versez dans une soupière ou un autre vase analogue ; laissez infuser jusqu'au lendemain ; retirez l'angélique, mettez le sirop sur le feu ; lorsqu'il bout, jetez de nouveau l'angélique dedans, laissez faire quelques bouillons ; retirez du feu, versez dans la soupière. Le troisième jour, répétez la même opération, mais laissez le sucre cuire au grand boulé fort ; retirez du feu, laissez refroidir un quart d'heure, versez dans un vase pour laisser infuser jusqu'au lendemain, retirez alors l'angélique comme je l'ai déjà dit et placez les morceaux sur des plats, en les espaçant comme les marrons ; faites sécher de même sur des tamis. L'angélique ne se conserverait pas bien glacée ; on la conserve dans le sirop pour la faire glacer au moment de s'en servir.

Si le sucre ne paraissait pas sécher, on ferait recuire le peu de sirop qui serait resté de la préparation et l'on y passerait l'angélique une dernière fois ; mais si les cuissons ont été amenées à point, c'est inutile ; alors on prépare le reste du sucre comme je l'ai indiqué pour celui des marrons afin d'en tirer parti.

§ III. — Côtes de melon confites ou glacées.

On choisit un melon bien mûr et ayant l'écorce épaisse, on enlève la pulpe et on prend seulement la côte. On la pèle et on la coupe en petits carrés réguliers de 5 centimètres environ que l'on jette à mesure dans de l'eau fraîche acidulée d'un jus de citron. On place la bassine sur le feu pour donner trois ou quatre bouillons. On retire du feu, on laisse infuser une heure ; on jette alors les morceaux de côte dans de nouvelle eau citronnée pour les faire refroidir. On les fait ensuite cuire dans 500 grammes de sucre fondu dans 1 demi-litre d'eau pour 500 grammes de côte de melon et on ajoute le zeste d'un citron ; quand les côtes faiblissent sous le doigt, on les place avec le sirop dans un vase qu'on a soin de couvrir. Vingt-quatre heures après, on décante le sirop et on le remet au feu ; lorsqu'il est au boulé, on le jette de nouveau sur le melon. Le lendemain, on amène le sirop au grand boulé fort, et on le remet sur les côtes ; après vingt-quatre heures de cette dernière infusion, on termine comme pour l'angélique et l'on conserve de même.

§ IV. — Poires confites.

Les espèces de poires qui ne se défont pas en cuisant sont les seules qu'on puisse confire. La poire de rousselet peut se confire entière à cause de sa petitesse ; les autres espèces, telles que le catillat, le bon-chrétien d'hiver, la royale d'hiver, etc., se font confire coupées en quartiers.

On les pèle et on les jette à mesure dans de l'eau acidulée d'un jus de citron, ou dans laquelle on a fait dissoudre un peu d'alun. On enlève les pepins et les pierres qui avoisinent souvent le cœur. Lorsque les poires sont toutes préparées, on les met dans une suffisante quantité d'eau pour qu'elles baignent grandement et on leur fait faire quelques bouillons, jusqu'à ce qu'elles commencent à céder sous le doigt. On les retire de cette eau avec une écumoire pour les jeter dans de l'eau fraîche. Si l'espèce de poire employée n'a pas d'âcreté comme la poire de rousselet, on fait dissoudre dans l'eau qui a servi à les faire blanchir, 500 grammes de sucre pour 500 grammes de poires blanchies. S'il y a de l'âcreté, on prend de nouvelle eau; lorsque le sucre est fondu sur un feu doux, on y met les poires et on laisse cuire jusqu'à ce qu'elles paraissent transparentes et soient par conséquent parfaitement pénétrées de sucre. Si le sirop devenait trop épais avant d'avoir atteint cette cuisson, on y ajouterait un peu d'eau chaude, car il ne faut pas que le sucre arrive au cassé. On retire du feu, on verse dans un vase à couvercle et on laisse reposer jusqu'au lendemain; alors on expose le vase à une chaleur douce pour ramollir le sirop et on le décante. Si les poires ne paraissaient pas parfaitement pénétrées par le sucre, on les remettrait sur le feu jusqu'à ce que le sirop fût au grand boulé, puis on laisserait encore infuser vingt-quatre heures. Lorsque le sirop est à point, on fait donc chauffer doucement pour le décanter plus facilement. On le remet au feu, on lui donne un degré de cuisson, et lorsqu'il est au grand boulé fort, on le retire et on le laisse refroidir quelques instants, puis on le bat; lorsqu'il *commence* à blanchir, on y met les poires et on les remue dans le sirop, avec précaution pour ne pas les briser; lorsqu'il est attaché aux poires, on les prend une à une et on les place sur un tamis pour les faire sécher dans un four, six heures après que le pain en a été retiré, ou sur un poêle couvert d'un marbre; si ce marbre était trop chaud il ferait fondre le sucre; dans ce cas, il faudrait élever le tamis.

Il s'écoule toujours un peu de sucre des fruits qu'on met à sécher; on peut laver le marbre avant de poser le tamis, et placer le tamis sur un plat pour le mettre au four, afin de pouvoir enlever le sucre et éviter de le perdre.

Lorsqu'on veut conserver des poires confites, on ne leur donne pas le dernier degré de cuisson pour les faire sécher ; on les conserve dans le sirop cuit au grand boulé ; on ne leur donne la dernière façon qu'au besoin, parce que lorsqu'elles sont sèches elles se détériorent facilement.

§ V. — Cerises confites.

On choisit de belles cerises aigres, ou des griottes bien mûres et non tournées ; au moyen d'un cure-dent ou d'une plume on fait sortir le noyau par le trou de la queue. On dépose à mesure les cerises sur un tamis de crin ; on met en sirop cuit au petit boulé, quantité égale de sucre à celle de cerises, on les y jette et on leur fait prendre un bouillon couvert ; on les verse dans un vase qu'on ferme ; le lendemain, on les remet sur le feu et on donne la même façon ; on continue ainsi jusqu'à ce que le sirop soit arrivé au fort boulé ; les cerises ainsi préparées, sont conservées en pot pour les faire sécher au besoin comme les autres fruits. On peut, avant de leur donner la dernière façon, les enfiler dans des pailles pour en faire des brochettes, ce qui est fort joli.

§ VI. — Noix confites.

Les noix qu'on veut confire ne doivent pas avoir leur coquille formée. On enlève le brou, ou première peau verte, avec un couteau bien tranchant et aussi vite que possible, et on les jette à mesure dans une grande abondance d'eau animée d'alun. Lorsqu'elles sont toutes pelées, on les met sur un feu vif dans quantité d'eau suffisante pour qu'elles baignent, et l'on tient le vase couvert. On les laisse cuire jusqu'à ce qu'on sente qu'elles cèdent sous le doigt, puis on les met dans un sirop chaud, fait avec 500 grammes de sucre pour 500 de noix et un verre d'eau ; on laisse infuser jusqu'au lendemain, et on continue de procéder comme pour les autres fruits.

§ VII.— Prunes confites.

Les prunes de reine-Claude et celles de mirabelle sont seules propres à cette préparation. Les premières doivent être blanchies et reverdies, comme il est indiqué à l'article *Prunes à l'eau-de-vie,* puis traitées absolument comme les autres fruits.

§ VIII.— Chinois.

On choisit de petits citrons ou de petites oranges bien avant maturité ; après leur avoir donné quatre ou cinq coups d'épingles, on les jette dans un chaudron contenant de l'eau, dans laquelle on met un nouet de linge contenant une ou deux poignées de cendre de bonne qualité ; on place le tout sur le feu, et on laisse chauffer très-fort, sans précisément bouillir, pendant le temps nécessaire, pour que les fruits se ramollissent sans cuire totalement ; alors on les prend avec une écumoire et on les jette dans l'eau froide, qu'on renouvelle de quart d'heure en quart d'heure jusqu'à parfait refroidissement.

On les met ensuite cuire dans un sirop composé de 500 grammes de sucre pour 500 de fruits, et d'un demi-litre d'eau, jusqu'à ce qu'en perçant les chinois de quelques coups d'épingles, ils tombent au fond ; on les retire du feu et on laisse refroidir dans le sirop dans un vase convenable, pour les traiter ensuite exactement comme les autres fruits confits.

CHAPITRE XII.

Sirops.

Les sirops de fruits ne sont pas nombreux. J'y joindrai quelques autres recettes des sirops les plus employés. On doit les placer dans une cave fraîche pour les conserver; les bouteilles doivent y être placées debout.

§ I. — Sirop de sucre.

Sucre concassé.	2,000 grammes.
Eau bien limpide	1,000 »

Délayez un blanc d'œuf dans l'eau avant d'y faire fondre le sucre; ajoutez celui-ci, mettez sur le feu et portez à l'ébullition, en remuant de temps en temps. Lorsque le blanc d'œuf est bien cuit, laissez reposer un moment, puis enlevez l'écume avec une écumoire.

Ce sirop est très-propre à faire de l'eau sucrée plus limpide que si l'on mettait le sucre fondre simplement dans l'eau. On peut le parfumer avec de bonne eau de fleurs d'oranger.

§ II. — Sirop de groseilles.

Groseilles rouges mondées	4,000 grammes.
Cerises aigres	500 »

Après avoir ôté les noyaux et les queues des cerises, on les écrase avec les groseilles dans un vase de terre ; il faut mettre peu de fruit à la fois dans le vase et employer un pilon de bois. On exprime ensuite le jus dans un torchon neuf et mouillé ; on le dépose à la cave dans une terrine non vernissée, ou dans un vase de porcelaine, pendant vingt-quatre heures. Il se coagule ; on le bat avec un petit ballet d'osier, ou bien on le coupe en très-petits morceaux avec une cuiller de bois, et on le verse sur un tamis ou sur un blanchet pour le bien laisser égoutter ; on obtient ainsi un jus parfaitement limpide. On ajoute 800 grammes de beau sucre pour 500 de jus ; on fait dissoudre sur un feu doux ; à la première ébullition, on retire du feu, on transvase et on laisse refroidir. On met en bouteilles ou en cruches qu'on ne bouche que lorsque le sirop est parfaitement froid ; les bouteilles doivent être placées à la cave et debout.

Pour parfumer le sirop, on peut mettre 500 grammes de framboises en diminuant d'autant la quantité des groseilles.

Si l'on voulait que le sirop fût plus coloré, on ferait fondre les groseilles et les framboises dans la poêlette, sur un feu doux ; avant de les exprimer, on ajouterait le jus des cerises dans ce jus ainsi préparé. On procède ensuite comme on vient de l'indiquer.

Si l'on n'employait pas de très-beau sucre, il faudrait le clarifier, car le sirop ne saurait être trop limpide.

§ **III.** — Sirop de framboises.

Framboises pas trop mûres. . . . . 2,000 grammes.
Sucre très-beau concassé 1,500   »

Mettez le tout ensemble sur un feu vif; après quatre à cinq minutes d'ébullition, passez dans un linge mouillé, laissez refroidir, mettez en bouteilles et à la cave. Quelquefois ce sirop se prend en gelée presque liquide qui se dissout facilement dans l'eau.

§ **IV.** — Sirop de fraises.

Le sirop de fraises se fait de la même manière ; on emploie de grosses fraises ananas ou d'espèces analogues. Ce sirop n'est pas très-agréable, tandis que celui de framboises est délicieux.

§ **V.** — Sirop de mûres.

Le sirop de mûres se fait aussi comme celui de framboises. On peut employer les mûres noires du mûrier à vers à soie, les mûres de table ou celles des ronces ; mais ce sirop n'est pas agréable ; il s'emploie seulement comme médicament.

§ **VI.** — Sirop de coings.

Préparez les coings comme pour la gelée, mais enlevez les pepins, que vous faites sécher avec soin pour les employer à l'usage que j'ai indiqué précédemment. Ajoutez 800 grammes de sucre pour 500 de jus de coings ;

8

mettez sur le feu; au premier bouillon, retirez du feu; écumez s'il est nécessaire; mettez en bouteilles et conservez comme les autres sirops.

§ VII. — Sirop d'épine-vinette.

Écrasez l'épine-vinette dans un vase de terre ou de bois avec le pilon à purée, ou faites-la fondre sur le feu; exprimez le jus et terminez comme les autres sirops.

L'épine-vinette a peu de jus; on peut y joindre la quantité d'eau nécessaire pour qu'elle baigne en la faisant cuire; ce sirop est peu agréable.

§ VIII. — Sirop d'oranges.

Ce sirop est un peu coûteux, mais aussi il est des plus délicats.

Choisissez des oranges bien mûres, lourdes, dont la peau soit fine, unie et tachetée vers la queue de noir ou de gris; ce sont ordinairement les plus douces et les plus juteuses; enlevez le zeste d'un quart des fruits avec un couteau à lame mince et bien affilé; mettez ce zeste à part pour parfumer le sirop; achevez de peler les oranges en enlevant la peau blanche avec soin; divisez les quartiers et écrasez la pulpe; exprimez fortement dans un torchon neuf et mouillé; mettez 800 grammes de sucre pour 500 de sucs; faites faire un bouillon et jetez le tout bouillant sur un blanchet, sur lequel vous placez le zeste.

On peut se dispenser de mettre autant de jus d'orange;

ainsi, sur 300 grammes de jus, on peut ajouter 200 grammes d'eau bien limpide; dans ce cas, on fait macérer le zeste des oranges dans leur jus pendant six heures, puis on y mélange l'eau pour exprimer le tout.

§ IX. — Sirop de citron ou de limon.

Il se prépare comme celui d'oranges; seulement, comme le jus des citrons est très-acide, il faut toujours y ajouter 200 grammes d'eau et même 250 pour 300 de suc de citron.

§ X. — Sirop de fleurs d'oranger.

Eau de fleurs d'oranger double . .	500 grammes.
Très-beau sucre concassé.	1,000 »

On fait dissoudre à froid le sucre dans l'eau de fleurs d'oranger à la cave, pour éviter l'évaporation, et on filtre à travers un filtre de papier gris.

§ XI. — Sirop de gomme arabique.

Gomme arabique blanche et concassée. .	250 grammes.
Eau très-limpide . . , ...	750 »
Sucre.	1,000 »

Lavez la gomme, puis mettez-la dans l'eau, dans un vase de cuivre ou d'argent, sur un feu très-doux, pour la laisser fondre; lorsqu'elle est complétement dissoute, passez dans un linge doux, comme du calicot un peu clair, ajoutez le sucre concassé et très-beau; lorsqu'il est parfaitement fondu, remuez bien afin d'opérer un mélange parfait; faites jeter quelques bouillons; passez; laissez refroidir et mettez en bouteille. On peut y ajouter 32 grammes d'eau de fleurs d'oranger de bonne qualité.

§ XII. — Sirop de guimauve.

Racine de guimauve très-blanche sèche et coupée.   125 grammes.
Eau 1,000   »
Sucre. 2,000   »

Faites infuser la guimauve coupée en très-petits morceaux pendant vingt-quatre heures dans l'eau froide. Passez l'infusion; ajoutez le sucre concassé; mettez sur le feu; remuez après cinq minutes d'ébullition; retirez du feu et laissez refroidir; terminez comme les autres sirops.

Ce sirop n'est pas agréable au goût; on peut le parfumer avec 32 grammes d'eau de fleurs d'oranger double ajoutée lorsque le sirop est terminé et refroidi. S'il n'est pas assez mucilagineux, on y ajoute 125 grammes de gomme arabique qu'on fait dissoudre dans l'eau comme pour le précédent sirop.

§ XIII. — Sirop d'orgeat.

Amandes douces . . . .   500 grammes.
Amandes amères   80   »
Eau de fleurs d'oranger.   32   »
Eau très-limpide.   1,600   »
Sucre.   2,000   »

Mondez les amandes à l'eau bouillante; pilez-les dans un mortier de marbre avec 500 grammes de sucre et

150 grammes d'eau, ou 1 verre 1|2 qu'on ajoute peu à peu à mesure qu'on pile. Partagez cette pâte en six ou huit parties ; pilez de nouveau jusqu'à ce que la pâte soit extrêmement fine. Délayez avec le reste de l'eau ; exprimez le plus vivement possible dans un torchon neuf et mouillé. Faites dissoudre le reste du sucre dans cette préparation ; posez sur un feu doux en remuant toujours. A la première ébullition, retirez du feu quelques instants ; ajoutez alors l'eau de fleurs d'oranger, mêlez parfaitement ; laissez refroidir, mettez en bouteilles.

Le sirop d'orgeat dépose un peu ; il faut l'agiter fortement dans la bouteille avant de l'employer. Il ne faut pas en faire une grande provision à la fois ; il est sujet à devenir rance lorsqu'il est conservé trop longtemps.

8.

CHAPITRE XIII.

Fruits à l'eau-de-vie.

La première condition pour obtenir de bons et beaux fruits à l'eau-de-vie est d'employer de l'eau-de-vie de bonne qualité; elle doit avoir au moins 21 à 22 degrés; on peut quelquefois lui substituer de l'alcool à 36 degrés, qu'on allonge avec moitié d'eau bien limpide, afin d'obtenir des préparations blanches. Tous les fruits à l'eau-de-vie se mettent dans des bocaux de verre blanc ou noir qui ferment avec un bouchon de liége recouvert d'un parchemin qu'on mouille et qu'on ficelle autour du goulot du bocal.

§ I. — Prunes à l'eau-de-vie.

La prune de reine-Claude verte est la plus employée à cet usage; cependant, on peut y substituer la prune de reine-Claude violette ou la prune de mirabelle.

On cueille cent belles prunes encore dures et vertes, ayant la peau bien lisse et conservant leur queue; on les essuie, on coupe la queue à moitié longueur et on les pique avec une grosse épingle, en l'enfonçant jusqu'au noyau en tous sens; on les jette à mesure dans l'eau fraîche. Lorsque le sirop est prêt, comme je vais l'indiquer, on range les prunes dans un vase de terre; une grande soupière de porcelaine convient parfaitement; on fait fondre dans une bassine 2 kilogrammes de beau sucre avec 1 litre d'eau. Lorsque le sirop bout, on le verse sur les prunes, qui surnagent. On place au-dessus un plat qui puisse entrer dans la soupière, ou une assiette, sur laquelle on pose une pierre bien lavée, assez lourde pour forcer les prunes à rester plongées dans le sirop. Si elles venaient à la surface, sous l'influence de l'air *elles noirciraient*. On laisse infuser jusqu'au lendemain. Alors on égoutte le sirop qu'on met dans la bassine sur un feu vif; lorsqu'il a bouilli pendant quinze à vingt minutes, on le verse de nouveau sur les prunes, qu'on a soin de bien contenir dans le sirop; on laisse infuser encore pendant vingt-quatre heures; les prunes sont jaunes. On verse les prunes et le sirop dans la bassine et l'on met sur un feu clair ou très-vif; les prunes vont au fond, mais bientôt elles reviennent à la surface et *verdissent*. On les retire avec une écumoire à mesure qu'elles sont devenues bien vertes, et on les met égoutter, les unes à côté des autres, sur un tamis de crin ou de treillage galvanisé ou étamé, ou bien dans un grand plat. Lorsqu'elles sont toutes sorties du sirop, on laisse celui-ci cuire au petit boulé, après y avoir ajouté celui qui s'est égoutté des prunes; puis on range les prunes dans un bocal et on y verse le sirop bouillant. On couvre le lendemain.

Les prunes se conservent très-bien dans ce sirop et sont aussi vertes au moins que lorsqu'on les a cueillies. Lorsqu'on veut les manger, on les met avec un peu de sirop dans un verre, et on ajoute de l'eau-de-vie selon le goût du convive, ou mieux, au bout de quinze jours ou un mois de préparation, on met l'eau-de-vie dans le bocal et on remue bien le tout avec précaution pour ne pas endommager les prunes; 1 litre 1|2 est une quantité suffisante pour 100 prunes, à moins qu'on les veuille très-fortes; dans ce cas, on pourrait remplacer l'eau-de-vie par 1 litre d'esprit de vin à 34 degrés. Si l'on emploie de l'eau-de-vie, il faut la prendre blanche, le sirop est bien assez coloré; si l'on ne peut pas se procurer de l'eau-de-vie blanche, on emploie l'esprit de vin, mélangé de moitié d'eau limpide.

On pourrait se borner à jeter une fois le sirop sur les prunes, si elles étaient devenues bien jaunes; cette condition est essentielle pour qu'elles reverdissent.

§ II. — Cerises à l'eau-de-vie.

La griotte est préférable à toutes les autres variétés pour être mise à l'eau-de-vie; on peut aussi employer de belles cerises de Montmorency. Il ne faut pas qu'elles soient assez mûres pour être mangées; cependant, elles doivent être bien colorées. On coupe la queue à moitié longueur, et on les pique jusqu'au noyau en tous sens, puis on les range dans un vase comme les prunes. On verse le sirop bouillant, qui doit être fait avec 250 grammes de sucre pour 500 de fruits et un verre d'eau; puis on force les cerises à rester plongées dans le sirop, comme je le dis pour les prunes; faute de quoi, celles de la surface noirciraient le lendemain. On verse le tout dans la bassine placée sur un feu vif; on laisse faire un ou deux bouillons; on arrête l'ébullition si les cerises

menacent de s'écraser; on les enlève avec une écumoire
et on les place sur un plat pour faire égoutter; après quoi
on les met dans le bocal destiné à les recevoir; on laisse
le sirop sur le feu; on y ajoute celui qui s'est écoulé des
cerises, et on le laisse cuire au petit boulé; on le verse
bouillant sur les cerises. Le lendemain, on met de l'eau-
de-vie (il n'est pas nécessaire qu'elle soit blanche), dans
la proportion d'un demi-litre pour 500 grammes de cerises; on peut aussi se servir d'esprit de vin mélangé
d'eau, comme je l'indique pour les prunes. Si l'on trouve
les cerises trop douces, on peut augmenter la dose de
spiritueux.

§ III. — Pêches à l'eau-de-vie.

Elles se préparent exactement comme les prunes;
seulement, il faut enlever le duvet dont elles sont couvertes avec une brosse douce, sans les meurtrir.

§ IV. — Abricots à l'eau-de-vie.

Ils se préparent comme les prunes, mais il n'est pas
nécessaire de les essuyer.

§ V. — Poires à l'eau-de-vie.

La poire de rousselet, étant très-parfumée et petite,
est plus propre que toute autre à être mise à l'eau-de-
vie; cependant, on peut y mettre aussi des poires de
doyenné et des poires d'Angleterre.
On les choisit un peu avant maturité et on les pèle

avec soin, sans retirer la queue, qu'on pèle également, et on les jette à mesure dans une grande quantité d'eau froide animée d'un peu d'alun, à raison de 30 grammes pour 8 litres d'eau. Lorsqu'elles sont préparées, on leur fait faire quelques bouillons en les jetant toutes à la fois dans un chaudron d'eau bouillante. Quand elles semblent céder sous le doigt, on les retire, puis on les place dans un vase de terre, après les avoir fait égoutter sur un tamis. On fait un sirop avec 200 grammes de sucre pour 500 de fruits et un verre d'eau. Lorsqu'il bout, on le verse sur les poires, qu'on maintient dans le sirop, comme les prunes, si elles tendent à surnager. Le lendemain, on met le tout dans la bassine sur un feu pas très-vif, et on laisse cuire jusqu'à ce que les poires puissent être pénétrées par un brin de paille; on retire du feu et on laisse infuser vingt-quatre heures. Après quoi, on ajoute le sirop, on le remet sur le feu, et on l'amène au petit boulé. On range les poires dans le bocal et on verse le sirop par-dessus. Le lendemain, on peut y ajouter l'eau-de-vie *blanche* ou l'esprit de vin mélangé; c'est encore plus essentiel pour les poires que pour les autres fruits, parce qu'il faut qu'elles soient blanches.

§ **VI**. — Coings à l'eau-de-vie.

On les prépare exactement comme les poires, mais on les choisit aussi mûrs que possible. Il faut les couper par quartiers, les peler et enlever le cœur et les pierres qui l'avoisinent. Il est absolument nécessaire de les jeter dans une grande eau aluminée. Il n'est point nécessaire d'employer de l'eau-de-vie blanche. Les coings demandent un peu plus de cuisson que les poires.

§ **VII**. — **Angélique à l'eau-de-vie.**

On la prépare exactement comme pour la confire (Voir *Angélique confite*), et lorsque le sirop est arrivé au grand boulé, on place l'angélique dans le bocal, et on opère avec le sirop comme pour les autres fruits.

§ **VIII**. — **Noix à l'eau-de-vie.**

Choisissez de belles noix vertes et fraîchement cueillies, assez peu avancées pour qu'une épingle les traverse; pelez-les jusqu'au blanc, et les jetez à mesure dans beaucoup d'eau aluminée de 60 grammes d'alun pour 15 litres d'eau. Quand elles sont toutes prêtes, jetez-les dans grande eau bouillante à grand feu; laissez cuire jusqu'à ce qu'elles cèdent sous le doigt; puis traitez-les comme l'angélique. Il faut ajouter un parfum quelconque au sirop, ou bien mettre un petit nouet d'aromates dans le bocal.

—————◗❂◖—————

CHAPITRE XIV.

Liqueurs par macération ou infusion et vin cuit.

Les liqueurs faites par ce procédé, comme je l'ai dit, sont bien préférables à celles faites par la distillation. Je répète ici les termes dans lesquels s'exprime le *Manuel du distillateur* : « L'infusion dans l'alcool est infiniment préférable, ainsi que je l'ai dit en parlant des teintures et des infusions, toutes les fois qu'on tient plus à la délicatesse des liqueurs qu'à leur parfaite blancheur. » On peut donc obtenir d'excellentes liqueurs dans un ménage, et leur prix de revient est tellement inférieur à celui du commerce, qu'on se décidera facilement à prendre la peine de les faire soi-même. Cependant une des conditions essentielles de la qualité des liqueurs est leur vieillesse, et la réputation bien acquise de quelques maisons qui se livrent à ce genre d'industrie, est due presque autant à l'âge des liqueurs et aux soins qu'on prend pour les laisser vieillir dans les meilleures conditions, qu'à leurs procédés. Il est donc essentiel, pour avoir de bonnes liqueurs de les attendre, et le plus longtemps est le meilleur.

Les liqueurs vieillissent plus vite en futaille qu'en

bouteille, et en cruche de grés que dans le verre. Si l'on n'en a pas une quantité suffisante pour les mettre en futaille, on peut au moins les mettre dans des cruches de grés à goulot étroit et parfaitement bouchées, ou dans des bouteilles de grés dans le genre de celles qui contiennent l'eau de seltz.

Il se fait dans la liqueur, après la confection, une petite fermentation sourde, très-lente et continue, qui s'opère mieux dans de grands vases que dans de petits; de même qu'il se fait, à travers un vase de bois ou de grés, une sorte de petite évaporation, qui contribue à bonifier les liqueurs.

C'est ce travail qui rend les liqueurs onctueuses; la liqueur, au moment où elle vient d'être faite, n'est qu'un mélange des substances qui la composent, et l'âcreté de l'alcool s'y fait surtout sentir. Lorsqu'elle a vieilli, ces substances sont fondues et combinées ensemble et forment, on peut dire, un tout homogène.

On doit les tenir dans un lieu chaud et à l'abri, autant que possible, des variations atmosphériques. Une cave parfaitement saine et pas trop fraîche serait convenable; une armoire dans un appartement habité convient également. Un lieu humide leur est très-contraire, ainsi que les secousses que peuvent leur causer les battements d'une forge ou le roulement des voitures; l'immobilité leur convient.

On peut faire vieillir des liqueurs artificiellement en plongeant le vase qui les contient dans de la glace pilée et en l'y laissant quatre ou cinq heures. Il ne faut leur faire subir cette opération qu'après les avoir filtrées. Il s'opère dans la liqueur un travail qui contribue beaucoup à identifier les unes aux autres les substances

9

qui les composent ; ce fait est constaté par l'expérience.

Les recettes de liqueurs que nous avons à donner dans cet ouvrage ne peuvent être qu'en petit nombre, et si nous dépassons le nombre des recettes dans lesquelles les fruits sont les premiers agents, c'est dans l'espérance d'être agréable à nos lecteurs ; mais nous ne devons pas étendre ce nombre au delà des recettes très-simples, ou bien nous entrerions dans le domaine du liquoriste, ce que ne permet pas le titre de cet ouvrage.

§ I. — Liqueur ou crème de noyaux de pêches.

Cassez 50 noyaux de pêches, mettez les amandes *et les coquilles,* avec 2 litres de bonne eau-de-vie, dans un bocal dont l'ouverture ne soit pas trop large, afin qu'elle puisse se mieux fermer avec un bouchon de liége, recouvert d'un parchemin qu'on mouille pour le placer et le ficeler ; bouchez et laissez infuser au soleil pendant deux mois ; remuez quelquefois le bocal, pour éviter que la même eau-de-vie soit toujours en contact avec les noyaux ; faites fondre 500 grammes de sucre avec un verre d'eau, moins, si vous voulez une liqueur plus forte ; faites chauffer le sirop pour que la fonte soit parfaite ; laissez refroidir ; passez l'eau-de-vie dans un tamis fin pour séparer les noyaux ; mêlez parfaitement avec le sirop ; passez à la chausse, mettez en cruche, bouchez avec soin. Cette liqueur a un excellent goût de vanille, qu'on peut augmenter en faisant infuser 2 ou 3 centimètres de gousse de vanille dans la liqueur après qu'elle est passée.

§ II. — Liqueur ou crème de noyaux d'abricots.

Cassez 150 noyaux d'abricots, séparez les coquilles de la moitié et jetez-les ; mettez les noyaux et le reste des coquilles dans 2 litres d'eau-de-vie ; procédez comme pour la liqueur de noyaux de pêches, avec la même quantité de sucre. On peut se dispenser de mettre les coquilles ; alors il faut employer les amandes de 200 noyaux.

§ III. — Anisette.

Concassez 60 grammes d'anis verts, de bonne qualité, le plus frais est le meilleur ; mettez infuser pendant deux heures dans 2 litres d'esprit de vin bien blanc ; passez ; faites fondre 1,800 grammes de beau sucre dans 1 litre 1|2 d'eau parfaitement claire ; mêlez avec l'infusion ; filtrez au filtre de papier dans un entonnoir de verre ; mettez en cruche.

§ IV. — Liqueur ou crème de fleurs d'oranger.

Épluchez 250 grammes de fleurs d'oranger bien fraîches, c'est-à-dire séparez les pétales des calices ; faites infuser ces pétales pendant une demi-heure dans 2 litres d'esprit de vin rectifié ; passez et mêlez avec 1,800 grammes de très-beau sucre fondu dans 1 litre 1|2 d'eau très-limpide ; filtrez, mettez en cruche.

Si l'on ne trouve pas la liqueur assez parfumée, on peut augmenter la quantité de fleurs d'oranger ; on peut même la doubler.

§ **V**. — Crème d'angélique.

Prenez 500 grammes de tiges d'angélique bien fraîches; coupez-les en petits morceaux; mettez infuser
pendant douze heures dans 2 litres d'esprit de vin; faites
fondre 1,800 grammes de très-beau sucre dans 1 litre
d'eau bien limpide; passez l'infusion, faites le mélange,
filtrez, mettez en cruche. On peut augmenter de 1 demi-litre la quantité d'eau.

§ **VI**. — Crème de thé.

Faites infuser, pendant deux heures, 65 grammes thé
noir, 32 thé vert, 32 thé poudre à canon ou thé à pointes
blanches dans 2 litres d'esprit de vin; faites fondre 1,800
grammes de très-beau sucre dans un peu plus de 1 li-
tre 1|2 d'eau bien limpide; passez, mêlez à l'infusion de
thé; filtrez, mettez en cruche.

§ **VII**. — Crème de café.

Prenez 250 grammes café moka; mettez-le cru dans
2 litres d'esprit de vin; laissez infuser vingt-quatre heures;
procédez comme pour la crème de thé.

On peut faire torréfier le café jusqu'à ce qu'il soit d'un
brun très-clair; le goût est assez différent; mais la
liqueur ne le cède pas en qualité à celle qu'on prépare
avec le café cru.

§ VIII. — Ratafia de cerises ou guignolet.

Mettez 1 kilogramme de merises bien mûres, dont vous ôtez les queues, dans un bocal, avec 4 litres d'eau-de-vie forte ou d'alcool un peu moins fort que celui employé pour les liqueurs; bouchez et exposez au soleil pendant deux mois; faites fondre 1 kilogramme de sucre, si vous voulez le ratafia doux, moins, si vous le voulez plus fort; dans très-peu d'eau; il suffit que le sucre soit bien humecté; passez la macération, ajoutez le sucre, mêlez exactement; il faut un certain temps (environ un mois) pour que le mélange s'opère bien; mettez en cruche. On peut ajouter aux merises un nouet contenant 1 gramme de cannelle, 15 clous de girofle et une poignée de pétales d'œillets rouges simples.

Autre ratafia de cerises.

Faites cuire dans une bassine 2 kilogrammes de bonnes griottes bien mûres, dont vous aurez retiré les queues, ou une autre espèce de cerises aigres; versez sur un tamis; laissez égoutter; mettez 375 grammes de sucre pour 500 de jus; faites prendre un seul bouillon; laissez refroidir à moitié; mélangez avec quantité égale de forte eau-de-vie; mettez en cruche; bouchez, quand le mélange est froid. On peut parfumer cette liqueur comme je l'indique dans la première recette, et passer à la chausse.

§ IX. — Ratafia de cassis.

Il se fait exactement comme la première recette de Guignolet.

Ces liqueurs peuvent se boire fraîchement faites, et sont même préférées alors par quelques personnes ; le guignolet surtout doit se boire dans l'année ou dans la seconde année.

§ X. — Ratafia de framboises.

Il se prépare comme celui de cerises ; les framboises doivent être très-mûres. On doit, de préférence, employer de l'alcool fort ; alors, au moment du mélange, on mettra 1 demi-litre d'eau par litre d'alcool, pour faire fondre le sucre au lieu de l'humecter seulement ; on peut mettre un peu plus d'eau.

§ XI. — Ratafia de coings.

Choisissez des coings bien mûrs et coupez-les en quartiers ; enlevez les pepins et faites cuire couverts dans suffisante quantité d'eau pour que les quartiers baignent. Lorsqu'ils sont cuits, coupez-les en plusieurs morceaux informes ; jetez-les à mesure dans l'eau qui les a fait cuire, et jetez le tout sur un tamis ; laissez égoutter ; prenez ce jus et remettez sur le feu vif avec 250 grammes de sucre pour 500 de jus ; faites faire une demi-heure d'ébullition ; retirez du feu, laissez refroidir à moitié ; ajoutez 2 litres de bonne eau-de-vie pour 1 litre de jus, ou 1 litre d'esprit de vin mélangé de 1 demi-litre d'eau bien limpide pour 1 litre de jus.

On peut mettre moins de spiritueux, si l'on veut que le ratafia soit plus doux.

§ XII. — Vin cuit.

La fabrication des vins ne peut entrer dans cet ouvrage ; c'est une spécialité qui n'a qu'un rapport indirect avec notre sujet. J'ai cru devoir excepter le vin cuit, qui est une préparation de ménage et une espèce de liqueur, et qui n'est pas ordinairement compris dans les ouvrages qui traitent de la fabrication des vins.

Le vin cuit se fait ordinairement avec du moût de raisin blanc. Lorsqu'il est préparé avec soin dans un pays où le vin a quelque qualité, il forme un vin de liqueur assez agréable pour être bu en famille, et il est sans danger pour les enfants, parce qu'il n'est pas très-spiritueux, à moins que le terroir qui fournit le raisin ne produise des vins très-capiteux.

Dans les pays où le vin est de très-bonne qualité, il suffit de faire réduire le moût de raisin d'un tiers par la cuisson, et de le mettre ensuite dans un petit baril où il fermente. Comme cette fermentation est lente, il convient de mettre une bonde percée, à laquelle on adapte un tube de verre recourbé et dont l'extrémité opposée à celle qui est placée dans la bonde plonge dans un vase plein d'eau.

Par ce moyen, il n'y a pas d'évaporation; le gaz développé par la fermentation s'échappe seulement par le tube. A défaut de ce tube, on peut mettre une plume, un jonc, une grosse paille, qui, à la vérité, ne trempera pas dans l'eau comme le tube de verre, mais vaudra cependant mieux que la bonde ouverte simplement. Au surplus, il est très-facile de se procurer un tube de verre chez un marchand de faïence ou même chez un pharmacien, et de lui donner la courbure nécessaire à la petite organisation que je viens de décrire. Il suffit de mettre dans un feu très-ardent la portion du tube qui doit être courbée; lorsqu'elle est rouge, on prend le tube par les deux bouts et on le courbe à volonté.

Dans les contrées où le vin est de moins bonne qualité, il faut réduire le moût de moitié, et enlever à la moitié ou aux deux tiers de ce moût *réduit,* son acide au moyen du marbre pilé, comme je l'ai indiqué pour le raisiné.

Pour réduire le moût qu'on destine au vin cuit, comme on n'aurait peut-être pas un chaudron de cuivre (car on ne peut pas faire réduire le moût dans du fer), d'une capacité suffisante pour y mettre tout le moût qu'on veut convertir en vin cuit, on mesure, par exemple, 40 litres de moût et on en met 20 sur le feu. L'opération est plus facile lorsqu'on peut mettre immédiatement la moitié du moût dans le chaudron. On remarque la hauteur à laquelle arrive le liquide au moment où on le met sur le feu. On fait un bon feu et on amène le liquide à une forte ébullition qu'on entretient avec activité.

Lorsque le moût a diminué un peu, on ajoute 1 ou 2 litres de celui qui est resté en réserve, mieux 1 litre que 2, parce que cette quantité n'arrête pas l'ébullition; elle la ralentit seulement un instant. Lorsque la quantité réservée a été tout entière ajoutée au moût en ébullition et qu'il y en a dans le chaudron à la même hauteur qu'au moment où on a commencé l'opération, c'est qu'elle est arrivée à son terme; en effet, la quantité totale est réduite de moitié. On retire du feu et on verse les deux tiers ou la moitié du moût selon son degré d'acidité, dans un grand vase de bois pour le soumettre à l'action du marbre pilé. (Voir l'article *Raisiné.*) On laisse reposer, on passe au blanchet, puis on réunit le moût qui n'a pas subi l'action du marbre à celui qui l'a subie, et l'on verse le tout dans le petit baril, à son défaut dans la cruche destinée à la fermentation.

Sans la réaction opérée par le marbre, le vin cuit, dans les pays où le vin n'est pas sucré naturellement, serait d'une acidité insupportable.

Lorsque la fermentation est achevée, ce qui s'aperçoit parce qu'il ne se dégage plus de gaz par le tube, on bonde et on laisse reposer environ deux mois, après quoi l'on peut mettre en bouteille. Si on ne trouvait pas le vin assez capiteux, on pourrait y ajouter un peu d'eau-de-vie, dans la proportion d'environ 1 litre d'eau-de-vie pour 10 de vin.

Le plus souvent il est bon de faciliter la fermentation par l'addition d'une petite quantité de levure de bière, gros comme une noix, par exemple, délayée dans un peu d'eau tiède.

On tient aussi le petit baril dans un lieu chaud. Par ce moyen on hâte encore la fermentation. Si elle était trop lente le vin pourrait tourner à l'aigre.

Voir à l'article *Raisiné* les moyens de se procurer du marbre pilé et de l'employer.

CHAPITRE XV.

Glacière.

Je n'entreprendrai pas de donner ici la description de la construction d'une glacière ; les procédés mis en usage à cet effet sont nombreux. Le premier architecte venu doué de quelque habileté exécutera une glacière sans recourir aux procédés que je pourrais indiquer ; mais je veux parler ici du *congélateur* ou *glacière des familles* inventé par M. Villeneuve. Au moyen de cet appareil, on peut se procurer en tout temps et économiquement de la glace artificielle, et faire glacer toutes les substances qu'on soumet à son action. D'ailleurs, tous les terrains ne sont pas propres à la construction des glacières, et sans parler des soins et des précautions à prendre pour conserver la glace, une semblable construction et l'entretien qu'elle nécessite occasionnent toujours des dépenses assez considérables ; il en résulte qu'un très-grand nombre de localités sont privées de glace au moment même où elle serait le plus utile.

Au moyen de l'appareil de M. Villeneuve on peut se procurer instantanément, facilement et à très-bon marché, et quel que soit le degré de température, non-seulement une quantité suffisante de glace pour répondre à tous les besoins, mais encore, on peut *glacer, sans le secours de la glace, toutes sortes de crèmes, de cerises, de fruits, frapper l'eau, le vin, les liqueurs,* plus promptement et plus économiquement que par les procédés ordinaires.

Cet appareil, qui porte, comme je l'ai déjà dit, le nom de congélateur-glacière des familles, est dû à M. Villeneuve; il a été soumis à l'examen de *l'Académie des sciences* qui, après avoir reconnu tous les avantages qu'il présente, lui a donné une approbation complète.

Une semblable attestation, émanée d'un corps aussi éminent, est le témoignage le plus certain de l'utilité que présente le congélateur. Nous pouvons donc, avec toute confiance, en conseiller l'emploi. Les personnes qui en feront usage n'auront plus besoin désormais de se préoccuper des embarras de tout genre que les glacières occasionnent; elles en obtiendront tous les avantages grâce à la facilité et à l'économie avec lesquelles l'appareil fonctionne.

Les combinaisons chimiques au moyen desquelles on peut obtenir de la glace artificielle sont connues depuis longtemps, mais l'absence d'un appareil pour les utiliser économiquement avait empêché d'en faire l'application. M. Villeneuve a résolu le problème, et l'on peut maintenant se procurer de la glace partout.

En 24 minutes on peut, moyennant une dépense qui varie de 1 franc 75 à 3 francs, glacer, sans qu'il soit besoin de glace, des crèmes, des glaces pour vingt à quarante personnes, et on obtient en même temps un beau cylindre de glace de plusieurs centimètres d'épaisseur et pesant depuis 1 jusqu'à 3 kilogrammes, qui

peut être employé à tous les usages de la glace naturelle.

La glace obtenue au moyen du *congélateur* a l'avantage d'être toujours très-pure, puisqu'on peut glacer
l'eau d'une fontaine, d'un puits, d'une rivière, tandis
que la glace naturelle, qu'on est obligé de recueillir
à la surface des étangs, des eaux stagnantes (la glace
provenant des eaux courantes ne pouvant pas se conserver), renferme constamment une quantité plus ou
moins considérable d'impuretés; l'eau provenant de la
dissolution de cette glace est souvent imprégnée d'un
goût vaseux plus ou moins désagréable.

Les substances chimiques employées pour faire fonc-
tionner le congélateur se composent d'acide muriatique
non concentré et de sulfate de soude; ces deux matières
sont très-communes et elles se débitent partout à bas
prix; les quantités à employer pour faire une opération
sont indiquées dans une instruction très-claire et très-
précise qui accompagne chaque appareil.

Le sulfate de soude et l'acide muriatique sont employés fréquemment à de nombreux usages domestiques; leur emploi n'exige qu'un peu de soin; pour ras-
surer complétement les personnes qui pourront faire
usage du congélateur, toutes les mesures ont été prises,
pour isoler de la manière la plus complète les matières
réfrigérantes des substances à congeler.

Avec le *congélateur* on peut employer également
tous les autres mélanges réfrigérants connus; mais il
résulte de nombreux essais faits pour connaître quels
sont ceux de ces divers mélanges qui donnent les meilleurs résultats, que la combinaison du sulfate de soude
et de l'acide muriatique est la seule qui puisse être em-

ployée avec avantage, économie et avec un succès toujours infaillible quelles que soient d'ailleurs les conditions de temps ou de lieu où l'on s'en sert. D'après les calculs les plus exacts, la glace obtenue à l'aide de cette combinaison ne revient pas à plus de 50 à 60 centimes le kilogramme, tandis que celle obtenue à l'aide d'autres mélanges ne peut jamais coûter moins de 8 à 10 francs le kilogramme. En moins d'une heure on obtient, selon la grandeur de l'appareil, de 3 jusqu'à 6 kilogrammes de glace, aussi belle, aussi compacte que la glace naturelle.

Nous avons assisté à de nombreuses expériences du congélateur, et nous pouvons garantir avec la plus parfaite conviction l'utilité incontestable d'une semblable découverte, non-seulement dans son application à l'économie domestique, mais encore comme objet d'utilité publique; [car sous ce dernier rapport, le congélateur offre le moyen de se procurer instantanément et en toutes saisons de la glace employée comme remède efficace dans un assez grand nombre de maladies graves.

Le prix de l'appareil varie d'après sa capacité et la quantité de glace qu'il peut produire. Le prix du plus petit est de 40 fr. ; il donne des glaces pour cinq personnes et 1 demi-kilog. de glace. Le prix de ceux d'une plus grande dimension s'élève jusqu'à 125 fr. graduellement; outre la facilité de faire des glaces, ils permettent encore de glacer 2, 3, et jusqu'à 10 bouteilles de vin ou d'eau. Ils contiennent l'appareil nécessaire pour faire les glaces, c'est-à-dire, la sabotière dans laquelle on traite les préparations qu'on veut glacer comme je vais l'indiquer dans le chapitre suivant.

———o⊙o———

CHAPITRE XVI.

Des glaces.

Les glaces se préparent avec des sucs de fruits, des liqueurs, ou des infusions de plantes odorantes, avec des crèmes parfumées et toujours avec addition d'une assez forte proportion de sucre. On fait ensuite congeler ces préparations de manière à ce que, sans former des glaçons solides, elles se prennent en forme de pâte onctueuse et délicieuse surtout lorsqu'il fait chaud. Ce rafraîchissement fort recherché n'est cependant pas plus coûteux qu'un autre, lorsqu'on le prépare soi-même; dans l'hiver on peut se procurer facilement de la glace à l'époque des fêtes et des bals, et l'on peut offrir à ses convives ce rafraîchissement recherché à très-peu de frais. La découverte et l'emploi du congélateur des familles en élève bien un peu le prix, mais pas de manière à rendre cette dépense exagérée, même pour un ménage modeste.

Les ustensiles nécessaires à la confection des glaces sont peu nombreux et peu coûteux pour les usages d'une famille où l'on ne prépare pas des glaces aussi variées que doivent l'être celles offertes au public par les personnes qui en font une spéculation. Il ne faut, dans un ménage, qu'une cuve pour recevoir la glace, si l'on emploie la glace naturelle, et un ou deux seaux en bois cerclés en fer et munis à leur base d'un petit robinet pour faire écouler l'eau provenant de la glace fondue ; de plus, une ou deux sabotières en fer-blanc ou mieux en étain et une espèce de spatule en bois dont le bout doit être coupé carrément.

Les sabotières d'étain sont préférables à celles de fer-blanc, en ce que les préparations qu'on place dedans pour les faire congeler prennent moins vite ; elles sont plus moelleuses parce qu'on peut les travailler plus longtemps.

Le seau doit être d'une forme un peu conique, assez profond par rapport à son diamètre, muni d'une anse et assez grand pour contenir la sabotière de même forme, mais beaucoup plus petite puisqu'elle doit entrer dans le seau et s'y trouver entourée d'une couche de glace d'environ 3 à 4 centimètres d'épaisseur. La sabotière doit avoir un couvercle fermant parfaitement et garni d'une anse.

Pour employer la glace, il faut la piler et la mélanger avec un poids égal de sel de cuisine. Ce mélange de sel et de glace produit un froid beaucoup plus intense que la glace seule. Lorsque la glace est préparée, on la met dans le seau et on ménage au centre un vide pour placer la sabotière. On met dans celle-ci la préparation qu'on veut glacer, on la ferme et on la place dans la glace. On laisse l'opération commencer seule pendant dix à quinze minutes, après quoi l'on ouvre la sabotière sans la retirer de la glace et l'on détache avec la spatule la partie qui se condense sur les parois intérieures de la sabotière pour la ramener au centre. Cela fait, on ferme la sabotière et on l'agite en la tournant au moyen de la poignée à droite et à gauche pendant dix ou douze minutes ; après quoi on visite de nouveau pour opérer encore avec la spatule comme la première fois, on ferme et l'on agite en tournant encore pendant le même temps. Après ce travail, la préparation doit être suffisamment prise ; elle doit former une espèce de pâte assez semblable à une purée. Si l'on n'était pas encore arrivé à ce résultat, on continuerait de procéder comme je viens de le dire.

Il faut, pendant ce travail, faire écouler de temps en temps par le robinet du seau, l'eau provenant de la glace fondue et rapprocher sans cesse la glace de la sabotière.

Les glaces étant amenées à leur point de perfection, on les sert soit en pyramides dans de petits verres de cristal, soit sur des soucoupes, ou enfin sous une forme de fromage glacé, qui a beaucoup d'analogie avec celle des biscuits de Savoie. Pour cela il faut avoir un moule dans lequel on met la glace prête à être servie. On place ce moule quelques instants dans de la glace préparée comme celle du seau à glacer ; dix à douze minutes après, on retire le moule de la glace, on le plonge pendant quelques secondes dans de l'eau chaude, puis on le renverse sur le plat destiné à recevoir le fromage glacé. On peut aussi avoir de petits moules représentant les formes de divers fruits. On les remplit de la préparation glacée et on les traite comme pour faire le fromage glacé.

Si l'on n'emploie pas de suite les glaces lorsqu'elles sont prêtes, on les laisse dans la sabotière, en ayant soin, de temps en temps de les travailler comme je l'ai indiqué.

Tout ce travail, bien que très-facile, demande cependant de l'adresse, de la promptitude et un peu d'habitude, parce que si l'on ne remue pas assez et en temps opportun la préparation placée dans la sabotière, elle se prend en glaçons durs qu'il n'est plus possible de diviser de manière à ce que la glace soit moelleuse et qu'on ne trouve aucun corps dur en la mangeant, ce qui est fort désagréable et altère considérablement la qualité de la glace. On peut, dans un ménage, faire quelques glaces sans avoir tous les ustensiles que je viens de décrire ; il suffit d'avoir un vase en fer-blanc couvert et un seau pour placer la glace pilée et mélangée au sel marin qu'on peut même mettre dans une proportion plus faible que j'indique ; alors on remue la préparation qu'on veut glacer avec la cuiller de bois, au lieu de la faire tourner comme on le fait avec la sabotière ; on aura un peu plus de peine en opérant ainsi, mais on réussira ; c'est très-facile.

A présent que nous avons donné le moyen de congeler les glaces, il nous reste à décrire la manière dont on doit préparer les diverses compositions avec lesquelles on les fait.

§ I. — Glaces à la vanille.

Ce sont les plus usitées ; il est rare qu'on fasse des glaces sans que celles à la vanille figurent en première ligne.

Il y a deux manières de les préparer.

Prenez 10 grammes de bonne vanille, coupez-la en petits morceaux et pilez-la avec assez de sucre pour pouvoir la réduire en poudre très-fine ; mettez sur le feu 2 litres de très-bon lait, de celui qu'on nomme à

Paris de la crème, jetez dedans la vanille et 750 grammes de beau sucre concassé. Pendant que la crème chauffe, cassez 12 œufs, séparez les blancs; mettez les jaunes dans un plat creux assez grand pour contenir toute la préparation; délayez bien les jaunes avec une cuiller de bois, battez-les même quelques instants : ajoutez la crème bouillante en la versant peu à peu et en la remuant pour opérer un mélange parfait sans que les jaunes d'œufs soient saisis; passez le tout dans une passoire fine ou dans un tamis clair; remettez la préparation sur un feu, pas trop ardent, avec la vanille pilée et remuez bien jusqu'au fond jusqu'à ce que la crème soit prise, c'est-à-dire jusqu'à ce qu'elle ait un peu épaissi; retirez du feu sans quoi elle tournerait; il faut bien saisir le moment, c'est facile; la préparation est la même que pour la sauce des œufs à la neige. Versez dans un vase bien propre; laissez refroidir pour glacer ensuite.

Les blancs d'œufs peuvent être employés à faire des meringues, friandise qui accompagne souvent les glaces (Voir la *Maison rustique des Dames*).

Autre recette.

Préparez la vanille comme je viens de l'indiquer; mettez sur le feu 3 litres de crème; amenez à l'ébullition; laissez bouillir vingt à vingt-cinq minutes, ajoutez la vanille, continuez l'ébullition, mettez 750 grammes de sucre; lorsqu'il est bien fondu, retirez du feu, laissez refroidir et glacez.

L'une et l'autre de ces recettes sont également bonnes; les glaces qu'on en obtient n'ont pas tout à fait le même goût. Je préfère la première.

§ II. — Glaces à la groseille.

Les glaces préparées avec le jus de groseilles conservé par le procédé Appert que j'ai donné ci-dessus, sont préférables à celles préparées avec de la gelée de groseilles ; elles ne le cèdent en rien à celles préparées avec les groseilles fraîches, qu'on ne peut faire que pendant l'été.

Faites fondre 750 grammes de beau sucre dans 1 litre et demi d'eau bien limpide, ajoutez 1 demi-litre de jus de groseilles. Mélangez parfaitement, faites glacer. Si le jus de groseilles est parfumé à la framboise, les glaces seront meilleures. Si vous employez de la gelée, prenez un pot contenant environ 500 grammes ; mettez-le dans un vase creux, débattez parfaitement cette gelée et ajoutez 1 litre d'eau sucrée avec 250 grammes de sucre.

Lorsqu'on emploie des groseilles fraîches, on les écrase et on exprime le jus dans un torchon neuf et mouillé. On ajoute 1 litre d'eau à 500 grammes de ce jus et 750 grammes de sucre. Il est préférable de mêler un cinquième de framboises avec les groseilles.

§ III. — Glaces à la framboise.

On les prépare exactement comme celles à la groseille.

§ IV. — Glaces à l'abricot.

On choisit des abricots très-mûrs ; on les fend pour enlever les noyaux, et on les met sur le feu avec quantité suffisante d'eau pour qu'ils baignent. Lorsqu'ils sont cuits, on les passe à travers un tamis, afin d'en séparer la peau. On ajoute 750 grammes de beau sucre dans 2 litres de la préparation.

On fait des glaces à l'abricot en hiver avec de la marmelade ou de la gelée d'abricot. (Voir l'article *Groseille*.)

§ V. — Glaces à la fraise.

On choisit des fraises très-mûres, n'importe de quelle espèce; on les écrase et on ajoute 1 litre d'eau pour 1 litre de fraises. On passe le tout à travers un tamis assez fin pour ne pas laisser passer les graines, puis on fait fondre 750 grammes de beau sucre, si ce sont des fraises des bois ou des quatre saisons; 500 grammes si ce sont des fraises douces, comme le capron ou diverses espèces analogues.

§ VI. — Glaces à la cerise.

Elles ne sont pas très-agréables; on les prépare comme celles de groseilles.

§ VII. — Glaces au citron.

Les glaces au citron sont très-estimées. Choisissez six beaux citrons bien juteux; frottez sur l'écorce de deux d'entre eux quelques morceaux du sucre destiné à votre préparation jusqu'à ce que vous ayez enlevé tout le zeste; coupez ensuite les citrons et exprimez-en le jus sur 750 grammes de sucre, y compris celui qui a servi à enlever le zeste; ajoutez 2 litres d'eau, mélangez parfaitement, glacez. Si l'on ne trouvait la préparation ni assez parfumée ni assez acidulée, on y mettrait moins d'eau. Il faut que les glaces soient très-parfumées.

§ VIII. — Glaces à l'orange.

Ces glaces se font comme celles au citron ; mais on n'emploie que le zeste d'une seule orange ; si les oranges étaient petites, il faudrait en mettre davantage.

§ IX. — Glaces à la pêche.

On peut les faire avec les fruits crus. On choisit des pêches arrivées à une maturité parfaite. On les pèle et on les écrase d'abord avec une fourchette, puis on les passe dans un tamis un peu clair ; on ajoute à la pulpe passée 1 demi-litre d'eau pour 1 litre de pulpe, et on y fait dissoudre 600 grammes de beau sucre. On peut les parfumer avec un peu de vanille en poudre. Si l'on veut faire cuire les pêches, on les traite comme les autres fruits, mais, étant cuites, elles ne conservent pas un parfum très-agréable.

§ X. — Glaces à la pistache.

Mondez 250 grammes de pistaches fraîches ; lorsqu'elles sont vieilles elles rancissent. Essuyez-les bien et les mettez dans un mortier de marbre pour les réduire en pâte très-fine. On peut y ajouter un peu de sucre pour faciliter le travail. Mettez sur le feu 1 litre de crème ou de très-bon lait ; ajoutez-y, ou non, le zeste d'un citron; lorsque le lait bout, faites fondre dedans 500 grammes de sucre; incorporez la pâte de pistache; opérez un mélange parfait. Il est préférable de jeter la crème bouillante peu à peu sur la pâte de pistache. Lorsque le mélange est bien opéré, colorez avec un peu d'eau d'épinard réduite, passez dans un tamis, laissez refroidir, faites glacer.

Lorsqu'on a passé la préparation, s'il se trouvait des parties de pistaches qui eussent échappé au pilon, on pourrait les remettre dans le mortier, puis les ajouter à la préparation après les avoir pilées de nouveau.

§ **XI**. — Glaces à l'amande.

Elles se font exactement comme les glaces à la pistache; mais il est impossible d'empêcher qu'il ne reste un marc. Comme les amandes ont moins de valeur que les pistaches, il n'y a pas grand inconvénient; on mêle aux amandes douces huit ou dix amandes amères.

§ **XII**. — Sorbets.

Les sorbets sont des glaces qui ne sont pas assez congelées pour se tenir en forme. Ordinairement, les sorbets sont parfumés avec des liqueurs spiritueuses, qui ne permettraient pas à la préparation une congélation aussi complète que celle des glaces.

Pour faire les sorbets, on ajoute à de l'eau très-limpide et très-sucrée la quantité de liqueur nécessaire pour la parfumer convenablement. On fait ordinairement les sorbets au rhum, au kirsch ou au marasquin. Si les liqueurs sont très-bonnes, les sorbets sont excellents.

On les sert dans de petites coupes en cristal ou en porcelaine, dont ils ne dépassent pas le bord, parce qu'ils sont presque liquides. Les sorbets aux fruits se préparent comme les glaces; on les sert avant qu'ils soient assez gelés pour prendre une forme.

CHAPITRE XVII.

Punch. — Vin chaud.

§ I. — Punch.

Le punch est une liqueur qu'on boit très-chaude ou glacée; dans ce dernier cas, il s'appelle punch à la romaine. Dans l'un et l'autre cas, le punch se prépare de même. Quelques personnes sont dans l'usage de mettre le feu au punch lorsqu'il est préparé; c'est une faute, le feu n'ayant d'autre effet que de brûler la partie spiritueuse de la préparation et de développer une âcreté fort désagréable. Il vaut mieux mettre moins de spiritueux dans le punch si l'on désire qu'il soit plus doux; cette belle flamme bleue flatte l'œil; mais je puis certifier qu'elle ne flatte pas le goût; cependant elle donne au punch un petit goût de caramel qui peut plaire.

La première condition pour avoir de bon punch est d'employer de bon rhum ou de bonne eau-de-vie et du thé de choix. Sa confection est très-simple :

Thé.	15 grammes.
Citrons.	2
Sucre	1,000 »
Eau bouillante	3 litres.
Rhum	1 bouteille.

Le thé doit être composé de moitié thé noir et moitié thé vert : le thé poudre à canon convient très-bien.

Faites infuser le thé dans l'eau bouillante; frottez sur le zeste des citrons des morceaux de sucre jusqu'à ce que vous ayez enlevé tout le zeste; mettez ce sucre et celui qui n'a pas été employé à cet usage dans un vase de porcelaine ou d'argent, versez-y le thé; quand le sucre est bien fondu, ajoutez le rhum, servez immédiatement.

On peut exprimer le jus des citrons dans le punch, mais il faut y ajouter 250 grammes de sucre de plus. Les avis sont partagés; quelques personnes préfèrent le punch lorsqu'il est acidulé; d'autres le trouvent meilleur sans acide.

On peut remplacer le rhum par de l'eau-de-vie, mais alors le punch a un goût très-différent et moins agréable. On peut aussi faire le punch au vin rouge ou blanc; on double la dose de vin et l'on retranche une quantité égale d'eau.

On peut mettre plus ou moins de rhum, selon qu'on veut le punch plus ou moins fort.

Il y a beaucoup d'autre manières de faire le punch, mais aucune ne vaut celle que je viens de décrire.

§ II. — Vin chaud.

Il suffit de faire chauffer le vin vivement, d'y mettre un parfum, comme de la cannelle, du zeste de citron, un peu de girofle et d'anis, et de le sucrer selon le goût. Au premier bouillon, il faut le servir; la qualité du vin fait celle de la boisson.

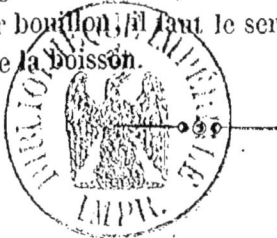

10

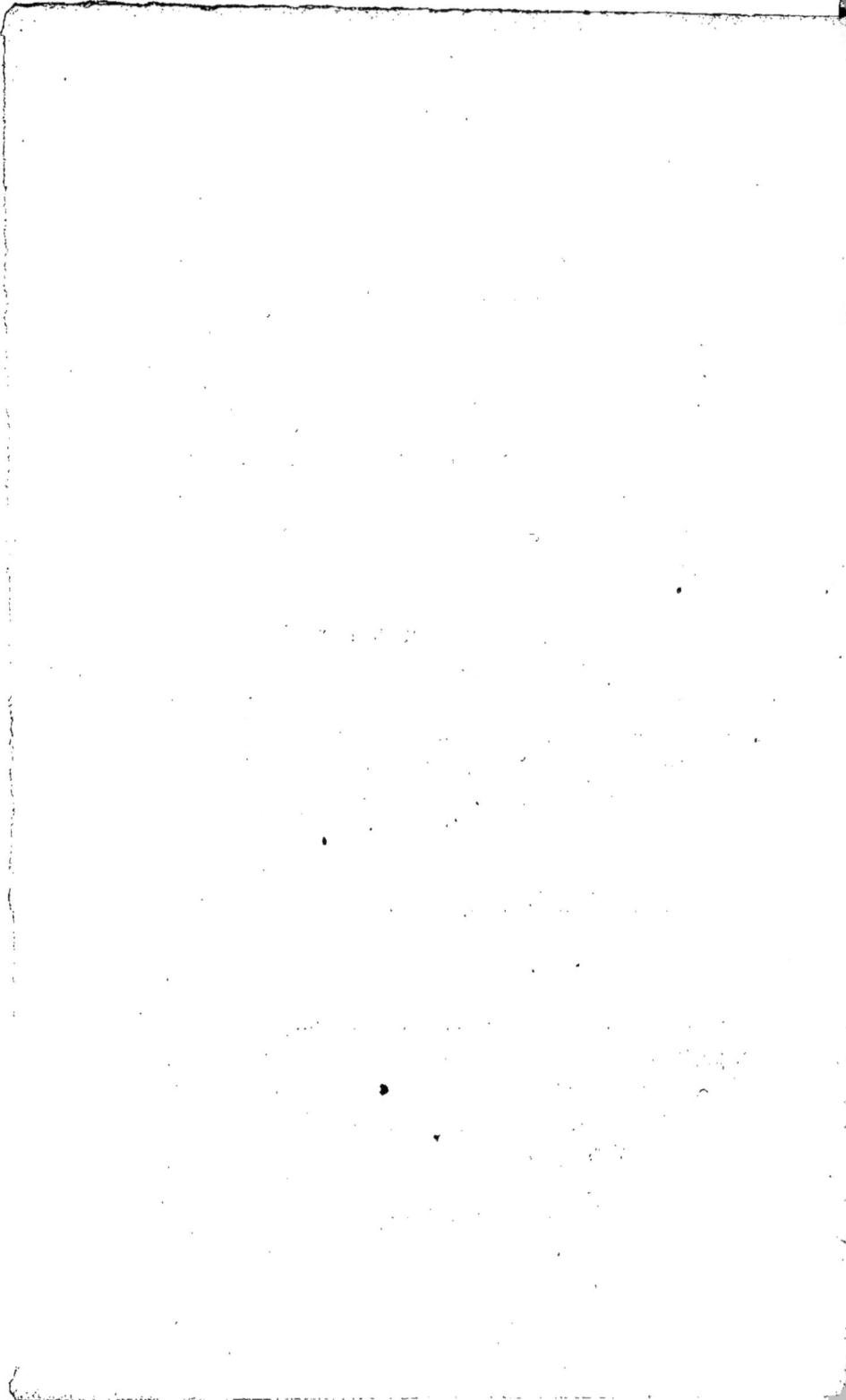

TABLE.

—❦❦❦—

CHAP. VIII. — **Compotes**.

CHAP. XIII. — Fruits à l'eau-de-vie.

CHAP. XIV. — Liqueurs par macération ou infusion et vin cuit.

CHAP. XV. — Glacière.

CHAP. XVI. — Glaces.

CHAP. XVII. — Punch. — Vin chaud.

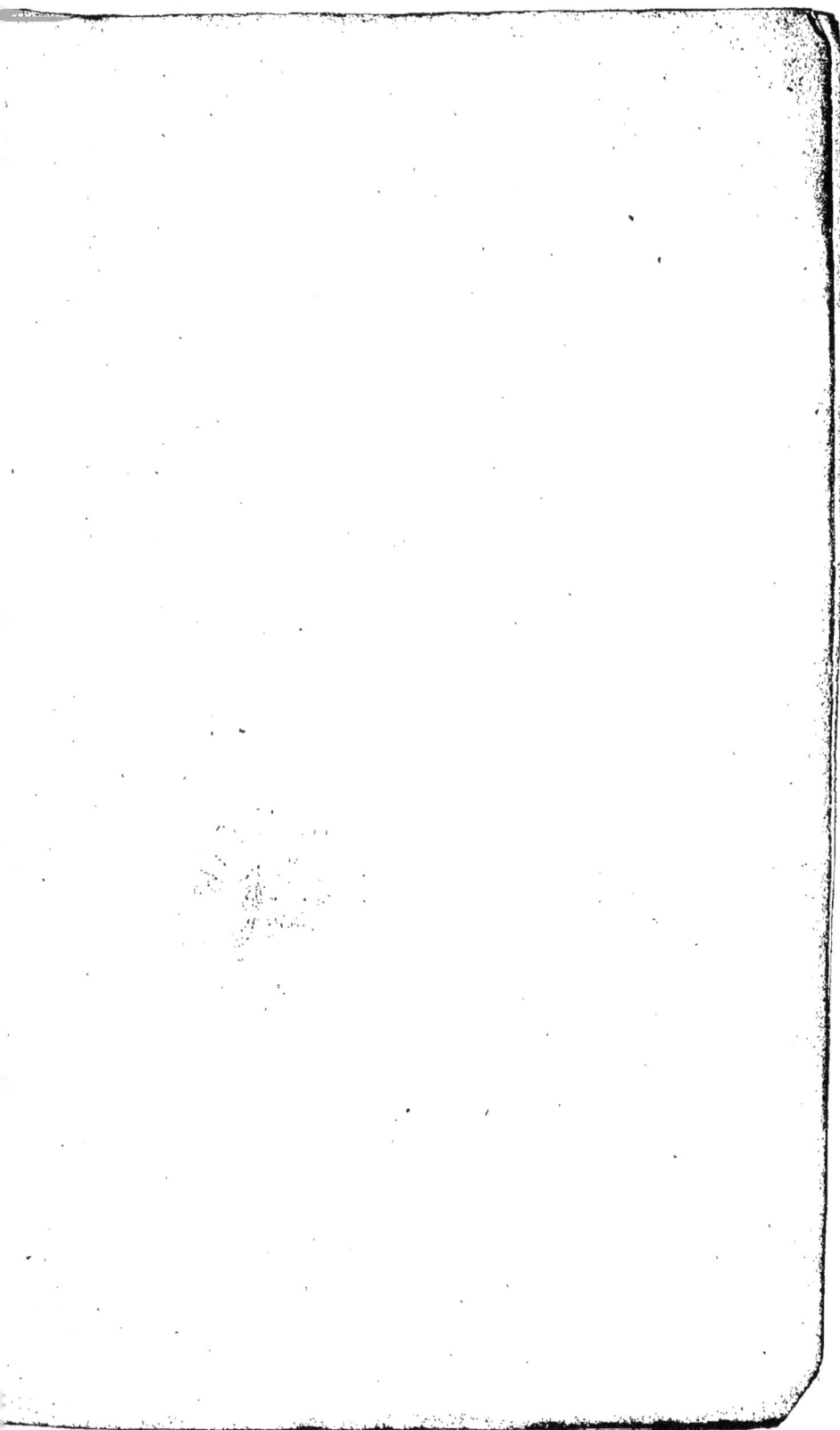

www.ingramcontent.com/pod-product-compliance
Lightning Source LLC
Chambersburg PA
CBHW072343200326

41519CB00015B/3636